機械システム入門シリーズ
12

流体システム工学

菊山功嗣・佐野勝志 著

共立出版

「機械システム入門シリーズ」刊行に当たって

　社会のソフト指向，高度技術の進展，創造的基盤技術の展開に対する要請など，工学技術教育を取り巻く環境が変遷している．機械工学の教育も境界領域分野を取り込みながら新しい編成が試みられている．

　本シリーズは，これらの要請に応え，新時代の大学・高専等における機械工学の基礎教育に対する入門書を編集することを目的とした．そのため，新しい機械系学科のカリキュラム編成を考慮しながら，情報・コンピュータ，新素材，メカトロニクス，バイオエンジニアリング，応用システムなどの関連分野を包含したものになっている．

　大学・高専等の機械系，構造系，システム系学科の学生，および高度技術時代における初級のエンジニアを読者として想定した．各冊とも入門的に学べるよう基礎的事項の習得を第一に考慮して内容を構成し，例題と演習も適切に挿入しており，専門基礎課程のテキストとして，あるいは参考書・自習書として活用していただくことを期待している．

編集委員

室津義定　　大阪府立大学名誉教授　工学博士
中村育雄　　名古屋大学名誉教授　工学博士
大場史憲　　広島大学名誉教授　工学博士
瀬口靖幸　　元 大阪大学教授　工学博士

序　　文

　流体を扱う分野は，工学だけでなく，医療，環境，農業，気象など非常に多くの分野に広がっています．私たちが日常接している空気や水は，古代からの人々の生活を支え，また大空を飛びたいという夢も育んできました．農業用水や飲料水の確保，血液の循環，大気汚染物質の拡散，船舶や航空機の利用などにおいて，そこでの流れを支配している法則についても理論や実験の積重ねがあります．

　本書は流体工学を最初に学ぶ機械をはじめとする工学系の学生諸君を対象に従来，水力学，流れ学として扱われていたものを中心に流体力学，流体機械の一部の内容も加えて簡潔にまとめられた入門書です．工学に現れる流れ現象だけでなく身近な例も取り上げて平易に説明され，通年で4単位の講義に見合った量としてまとめられています．また独学で流体の性質や流れの法則を学ぼうとされる他の分野の方にも容易に理解できるよう，数式をできるだけ少なくし，図・表を多く用いるとともに各章には例題と演習問題をふんだんに取り入れて詳しい解説をつけるなどの配慮もしてあります．

　流体工学は乱流現象など未だ大形計算機を用いても完全には解明されていない，きわめて奥の深い学問ですが，本書をその入門書としてご利用されることを期待しています．

　本書の執筆にあたっては，内外の多くの専門書を参考にさせて頂きました．これらの著者の方々に対し，深甚なる謝意を表するものです．また共立出版(株)の瀬水勝良氏にはいろいろとお世話になりました．併せてお礼申し上げます．

2007 年 9 月

著　者

目　　次

第1章　流体の諸性質

1.1　流体の力学的性質 …………………………………………………… *1*
1.2　密度と比重 …………………………………………………………… *1*
1.3　粘度と動粘度 ………………………………………………………… *3*
1.4　体積弾性係数と圧縮率 ……………………………………………… *6*
1.5　完全ガスの性質 ……………………………………………………… *7*
1.6　音　　速 ……………………………………………………………… *8*
1.7　表面張力 ……………………………………………………………… *10*
1.8　液体の飽和蒸気圧 …………………………………………………… *12*
　　　演習問題 ……………………………………………………………… *13*

第2章　流体の静力学

2.1　圧　　力 ……………………………………………………………… *15*
2.2　重力の作用下にある流体の圧力 …………………………………… *16*
2.3　パスカルの原理 ……………………………………………………… *19*
2.4　液柱計 ………………………………………………………………… *20*
　　　2.4.1　通常液柱計 …………………………………………………… *20*
　　　2.4.2　示差圧力計 …………………………………………………… *22*
2.5　壁面に作用する静止流体力 ………………………………………… *23*
　　　2.5.1　平面に働く力 ………………………………………………… *23*
　　　2.5.2　曲面に働く力 ………………………………………………… *27*
2.6　浮力と浮揚体の安定 ………………………………………………… *29*
2.7　相対的静止 …………………………………………………………… *31*
　　　2.7.1　等加速度直線運動 …………………………………………… *31*

   2.7.2 回転運動 …………………………………………………… *32*
 演習問題 ………………………………………………………………… *33*

第3章　流れの基礎

3.1 さまざまな流れ ……………………………………………………… *39*
   3.1.1 定常流と非定常流 …………………………………………… *39*
   3.1.2 一様流と非一様流 …………………………………………… *39*
   3.1.3 単相流と混相流 ……………………………………………… *40*
   3.1.4 層流と乱流 …………………………………………………… *40*
3.2 流線，流脈線および流跡線 ………………………………………… *40*

第4章　一次元流れ

4.1 連続の式 ……………………………………………………………… *45*
4.2 ベルヌーイの定理 …………………………………………………… *46*
4.3 ベルヌーイの定理の応用 …………………………………………… *48*
4.4 損失および外部とのエネルギー授受があるときのエネルギー式 ……… *50*
   4.4.1 エネルギー損失がある場合 ………………………………… *50*
   4.4.2 外部とのエネルギー授受がある場合 ……………………… *51*
 演習問題 ………………………………………………………………… *52*

第5章　運動量の法則

5.1 運動量の法則 ………………………………………………………… *57*
5.2 運動量の法則の応用 ………………………………………………… *59*
   5.2.1 曲がり管に作用する力 ……………………………………… *59*
   5.2.2 容器から流出する噴流 ……………………………………… *60*
   5.2.3 噴流の衝突により平板が受ける力 ………………………… *61*
   5.2.4 急拡大管の損失 ……………………………………………… *64*
   5.2.5 ジェットエンジンの推力 …………………………………… *65*
5.3 角運動量の法則 ……………………………………………………… *66*
 演習問題 ………………………………………………………………… *68*

第6章　管内流

- 6.1 層流と乱流 ……………………………………………………… *71*
  - 6.1.1 レイノルズ数 ………………………………………… *71*
  - 6.1.2 せん断応力 …………………………………………… *74*
- 6.2 十分に発達した管内の流れ …………………………………… *76*
  - 6.2.1 速度分布 ……………………………………………… *76*
  - 6.2.2 圧力損失 ……………………………………………… *81*
- 6.3 円形以外の断面をもつ管の圧力損失 ………………………… *84*
- 6.4 各種管路の圧力損失 …………………………………………… *85*
  - 6.4.1 急拡大管および急縮小管 …………………………… *86*
  - 6.4.2 広がり管および細まり管 …………………………… *87*
  - 6.4.3 管の入口および出口 ………………………………… *88*
  - 6.4.4 曲がり管 ……………………………………………… *89*
  - 6.4.5 その他の管路要素 …………………………………… *91*
- 6.5 管路の総損失および動力 ……………………………………… *92*
- 演習問題 …………………………………………………………… *95*

第7章　物体まわりの流れと流体力

- 7.1 境界層 …………………………………………………………… *97*
  - 7.1.1 平板上の境界層 ……………………………………… *97*
  - 7.1.2 境界層のはく離 ……………………………………… *100*
- 7.2 物体に働く流体力 ……………………………………………… *102*
  - 7.2.1 抗　力 ………………………………………………… *103*
  - 7.2.2 揚　力 ………………………………………………… *104*
- 7.3 円柱まわりの流れと流体力 …………………………………… *105*
  - 7.3.1 円柱まわりの流れと抗力係数 ……………………… *105*
  - 7.3.2 円柱まわりの圧力分布 ……………………………… *108*
  - 7.3.3 ストローハル数 ……………………………………… *109*
- 7.4 翼に働く流体力 ………………………………………………… *110*

7.5 その他の物体に働く抗力 ……………………………………………… 113
　　演習問題 …………………………………………………………………… 115

第8章　流体計測

8.1 圧力測定 ………………………………………………………………… 117
8.2 流量測定 ………………………………………………………………… 120
　　8.2.1 タンクオリフィスおよびタンクノズル ………………………… 120
　　8.2.2 管オリフィス，管ノズルおよびベンチュリ管 ………………… 121
　　8.2.3 電磁流量計 ……………………………………………………… 125
8.3 流速測定 ………………………………………………………………… 126
　　8.3.1 ピトー管 ………………………………………………………… 126
　　8.3.2 熱線流速計 ……………………………………………………… 128
　　8.3.3 レーザ流速計 …………………………………………………… 130
　　8.3.4 超音波流速計 …………………………………………………… 133
　　演習問題 …………………………………………………………………… 134

第9章　次元解析と相似則

9.1 単位と次元 ……………………………………………………………… 137
9.2 次元解析 ………………………………………………………………… 140
9.3 流れの相似性 …………………………………………………………… 143
　　9.3.1 幾何学的相似 …………………………………………………… 143
　　9.3.2 運動学的相似 …………………………………………………… 144
　　9.3.3 力学的相似 ……………………………………………………… 144
　　演習問題 …………………………………………………………………… 146

第10章　流体運動の基礎式

10.1 流体運動の記述 ………………………………………………………… 147
10.2 連続の式 ………………………………………………………………… 149
10.3 運動方程式 ……………………………………………………………… 150
10.4 流線方向の運動方程式とベルヌーイの定理 ………………………… 152

第11章　流体機械

11.1　流体機械の分類と特徴 …………………………………… 157
11.2　比速度と羽根車形状 ……………………………………… 158
11.3　羽根車内の流れと羽根仕事 ……………………………… 161
11.4　流体機械の特性曲線 ……………………………………… 165
11.5　流体機械の損失と効率 …………………………………… 166
11.6　軸流羽根車 ………………………………………………… 168
11.7　各種流体機械の特徴 ……………………………………… 169
　　　11.7.1　ポンプ ……………………………………………… 169
　　　11.7.2　ハイドロタービン（水車）……………………… 170
　　　11.7.3　送風機 ……………………………………………… 171
　　　11.7.4　ウィンドタービン（風車）……………………… 171
　　　演習問題 ………………………………………………………… 172

演習問題解答 ……………………………………………………… 175
参考文献 …………………………………………………………… 189
索　引 ……………………………………………………………… 191

1 流体の諸性質

> 流体は気体と液体の総称である．本章では流体の物理的な性質に関する基本的な量である密度，粘度，体積弾性係数，音速，表面張力，飽和蒸気圧などについて学ぶ．そこではさまざまな単位が使われるのでその都度説明するが，単位についてまとめられている第9章も参照するとよい．

1.1 流体の力学的性質

 一般に物質には気体，液体，固体の3つの状態があり，このうち気体と液体は流体と呼ばれる．しかし工業的に扱われる広い意味での流体としては，純粋な気体や液体だけでなくその中に固体が混じったものや液体と気体が混ざったものも混相流体として扱われている．

 せん断変形を与えたとき流体と固体では大きな違いが現れる．流体はせん断力により連続的に変形していわゆる流動を生じ，力を取り去っても以前の形に戻ることはない．しかし固体の場合には一定の変形によってその外力に抵抗し，せん断力がなくなると，変形が小さければ元の形に戻る．流体と固体の中間的な性質をもつものとして塑性体がある．これはある一定のせん断力以下では流動しないが，それを超える力のもとでは流動する物質である．

 気体，液体ともに分子から構成されているので，流動現象は流体分子の運動と密接な関係があるが，通常は流体を連続した物質とみなして扱う．それは，気体では分子が隣の分子と衝突しないで自由に動ける距離として平均自由行程を定義できるが，通常の圧力下ではこの長さは流れ場の代表長さに比べて非常に小さいからである．

1.2 密度と比重

流体の**密度** (density) ρ は単位体積当たりの質量を表し，単位は $\mathrm{kg/m^3}$ であ

表 1.1 1 atm (= 101.3 kPa) における水の性質

温度 (℃)	密度 ρ (kg/m^3)	粘度 μ (Pa·s)	動粘度 ν (m^2/s)
0	999.8	1.792×10^{-3}	1.792×10^{-6}
5	1000.0	1.519	1.519
10	999.7	1.307	1.307
20	998.2	1.002	1.004
30	995.6	0.797	0.801
40	992.2	0.653	0.658
50	988.0	0.547	0.554
60	983.2	0.467	0.475
70	977.8	0.404	0.414
80	971.8	0.355	0.365
90	965.3	0.315	0.326
100	958.4	0.282	0.295

表 1.2 1 atm (= 101.3 kPa) における乾燥空気の性質

温度 (℃)	密度 ρ (kg/m^3)	粘度 μ (Pa·s)	動粘度 ν (m^2/s)
-10	1.342	16.74×10^{-6}	1.248×10^{-5}
0	1.292	17.24	1.334
10	1.247	17.74	1.423
20	1.204	18.24	1.515
30	1.164	18.72	1.608
40	1.127	19.20	1.704

る．したがって流体の質量を m，体積を V とすると

$$\rho = \frac{m}{V} \tag{1.1}$$

液体の密度は，温度や圧力が変化してもほぼ一定とみなすことができる．これに対し気体の密度は，温度や圧力によって変化する．表1.1，表1.2にそれぞれ水および空気の密度を示す．

比体積 (specific volume) v は単位質量の流体が占める体積を表し，密度 ρ の逆数である．すなわち

$$v = \frac{1}{\rho} \tag{1.2}$$

比重 (specific gravity) s は，物質（液体または固体）の密度を ρ，4℃の水の密度を $\rho_w (= 1000 \, \text{kg/m}^3)$ とすると

$$s = \frac{\rho}{\rho_w} \tag{1.3}$$

で表され，単位をもたない．圧力計に用いられる液体の比重を表1.3に，その

表 1.3　1 atm (= 101.3 kPa) における圧力計用液体の比重

液体 \ 温度 (℃)		0	10	15	20	30
水	銀	13.596	13.571	13.559	13.546	13.522
エチル アルコール	80%	0.860 6	0.852 0	0.847 7	0.843 4	0.834 8
	90%	0.835 4	0.826 7	0.822 4	0.818 0	0.809 3
	100%	0.806 3	0.797 8	0.793 6	0.789 3	0.780 8
メチル アルコール	80%	0.863 4	0.855 1	0.850 5	0.746 9	—
	90%	0.837 4	0.828 7	0.824 0	0.820 2	—
	100%	0.810 2	0.800 9	0.795 8	0.791 7	—
四塩化炭素		1.633	1.614	1.604	1.594	1.575
四クロルエタン		1.636	1.620	1.612	1.604	1.588

表 1.4　1 atm (= 101.3 kPa) における各種液体の比重

液体	温度 (℃)	比重 s	液体	温度 (℃)	比重 s
海　　水	15	1.01～1.05	原　　油	15	0.7～1.0
10%食塩水	20	1.070 7	植物性油	15	0.91～0.97
20%食塩水	20	1.147 8	動物性油	15	0.86～0.94
グリセリン	15	1.264	純硫酸	20	1.831
ベンゾール	15	0.884	純硝酸	20	1.513
ガソリン	15	0.66～0.75	純酢酸	20	1.049

他各種液体の比重を表 1.4 に示す．

1.3　粘度と動粘度

図 1.1 において，小さな間隔 h で隔てられた 2 枚の平行平板の間に流体が満たされているとする．いま下側の板を固定し，上側の板を一定速度 U で動かす．このとき板とそれに接する流体の間には滑りを生じないので，流れが層流[*1]であれば流体の速度は固定平板上の 0 から移動平板上の U まで直線的に変化する．この流れは**クエット流** (Couette flow) と呼ばれる．実験によると板を動かすのに必要な力 F は，速度 U と板の面積 A に比例し，板の間隔 h に反比例する．したがって，その比例定数を μ とすると

$$\frac{F}{A} = \mu \frac{U}{h} \tag{1.4}$$

[*1] 流れには，層流と乱流の 2 つの状態がある．詳しくは 6.1 節を参照のこと．

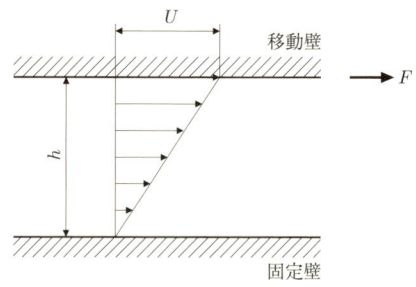

図 1.1 クエット流

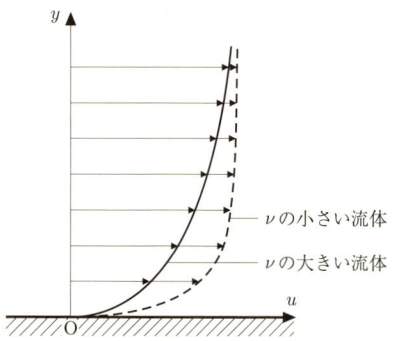

図 1.2 速度こう配のある流れ

の関係が成立する．上式において F/A は流体に働くせん断応力 τ を表す．また比例定数 μ は**粘度** (viscosity) と呼ばれ，流体の粘性の強さを示し，単位は $\mathrm{Pa \cdot s}$ である．粘度は物資を構成する分子の配列の変化（気体の場合には気体分子の運動による運動量交換）により発生するもので，流体の種類，温度などによって異なる値をとる．式 (1.4) は移動壁の有無にかかわらず流動する流体の内部で成立し，たとえば図 1.2 に示すような速度こう配のある流れでは

$$\tau = \mu \frac{du}{dy} \tag{1.5}$$

で表される．

　水および空気の粘度は，それぞれ表 1.1，表 1.2 のようになる．水などの液体の場合は温度の上昇によって分子間の結合が緩み，せん断速度に対する抵抗力が弱まるため粘度は減少するが，気体の場合は温度の上昇による分子運動の活発化によって運動量交換が大きくなり粘度も上昇する．

　流体の粘性の強さを表す量として，上述の粘度 μ のほかに以下に示す**動粘度**

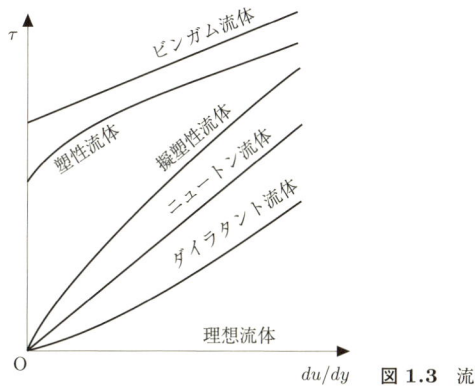

図 1.3 流動曲線

(kinematic viscosity) ν が用いられる．流体の微小体積を ΔV，加速度を α とすると，流体に働く慣性力はニュートンの運動の第 2 法則より $\rho \alpha \Delta V$ である．慣性力に対応する力として粘性力を考えると，これは $\mu(du/dy)\Delta A$（ΔA：微小面積）と表される．したがって加速度 α は $\alpha \propto (\mu/\rho)(du/dy)\Delta A/\Delta V$ となり，μ/ρ という物理量が流体の運動に大きく影響することになる．この μ/ρ を ν と表すと

$$\nu = \frac{\mu}{\rho} \tag{1.6}$$

これを動粘度と呼び，単位は m^2/s である．水と空気の動粘度の値をそれぞれ表 1.1，表 1.2 に示す．空気は水に比べて密度 ρ，粘度 μ ともに非常に小さいが ν の値は大きくなるので，粘性による影響は空気の方が大きい．すなわち同じ速度で固体壁面と接する水と空気の流れを比較すると，空気の方が壁による減速効果が大きく，減速される領域が厚くなる（図 1.2 参照）．

上述のようにすべての実在する流体には粘性があるが，理論的な扱いを容易にするためにこれを無視することがある．このような流体は**理想流体** (ideal fluid) と呼ばれ，粘性が働かないので流体は固体壁との間に滑りを生じる．実在する流体の粘性は壁近くの流れに大きな影響を及ぼし，粘性を無視した理想流体の計算結果は実際の流れと著しく異なることが多い．

実在するさまざまな流体について τ と du/dy の関係を示すと図 1.3 のようになる．水，空気，油などは粘度 μ が一定で，τ は du/dy に比例する．このよう

な流体は**ニュートン流体** (Newtonian fluid) と呼ばれる．それ以外を非ニュートン流体といい，物理的性質の相違によってビンガム流体，ダイラタント流体，塑性流体，擬塑性流体などに分類される．

1.4 体積弾性係数と圧縮率

流体は圧力を加えると圧縮され体積が減少するが，その量は気体に比べて液体では分子が高密度で配列されているため著しく小さい．しかし流体の種類に関係なく流れ場の急激な圧力変化が生じる際には，圧縮性を考慮する必要がある．まず気体について考えてみよう．流動中の圧力変化がその場の絶対圧力に比べて小さい場合，たとえば送風機の内部の流れでは空気の圧縮性を考える必要はない．しかし圧縮機の羽根車を通過する際には，速度の変化が大きいので圧力も流れ方向に大きく変わって大きな密度変化が生じるので，羽根車の設計には体積変化を考慮に入れなければならない．一方，液体の流れでは通常は非圧縮性流体として扱うことができるが，水撃作用のように圧力変化が急激であるかまたは大きい場合には，圧縮性が直接的な影響を及ぼすのでこれを無視することはできない．

流体の圧縮性の大小を表す量として，**体積弾性係数** K (bulk modulus) と**圧縮率** β (compressibility) がある．いま，体積が V の流体の圧力が dp だけ変化するとき体積変化 dV を生じるとする．体積弾性係数 K は，dp と dV の符号が異なることに注意して次式で定義される．

$$K = \frac{dp}{-dV/V} = -V\frac{dp}{dV} \tag{1.7}$$

体積弾性係数の単位は Pa であり，圧力と同じである．水の体積弾性係数の値を表 1.5 に示す．

圧縮率 β は，体積弾性係数の逆数であり

$$\beta = \frac{1}{K} \tag{1.8}$$

表 1.5 水の体積弾性係数 K (GPa)

圧力範囲 (atm) \ 温度 (℃)	0	10	20	50
1～25	1.93	2.03	2.06	
25～50	1.97	2.06	2.13	
50～75	1.99	2.14	2.22	
75～100	2.02	2.16	2.24	
100～500	2.13	2.26	2.33	2.43
500～1000	2.43	2.57	2.66	2.77
1000～1500	2.83	2.91	3.00	3.11

1.5 完全ガスの性質

圧力を p，比体積を v，密度を ρ，絶対温度を T とするとき

$$pv = RT \quad \text{または} \quad \frac{p}{\rho} = RT \tag{1.9}$$

に従う気体を**完全ガス** (perfect gas) と呼ぶ．空気その他の気体はほぼこの式が適用できる．ここで R を**ガス定数** (gas constant) といい，表 1.6 に示すように気体の種類により値が異なる．

さてアボガドロの法則によれば，圧力と温度が等しいすべての気体において同一の体積中には同数の分子が含まれるので，密度 ρ は分子量 M に比例する．したがって，圧力と温度が等しい2つの異なる気体に関する量に添字 1, 2 を付けて区別すると

$$\frac{\rho_2}{\rho_1} = \frac{M_2}{M_1} \tag{1.10}$$

また，式 (1.9) から

表 1.6 各種気体の物性値 (1 atm, 20 ℃)

物質名	化学式	分子量 M ―	ガス定数 R (J/kg·K)	密度 ρ (kg/m³)	定圧比熱 c_p (J/kg·K)	定容比熱 c_v (J/kg·K)	比熱比 κ ―
空　気	―	28.967	287.03	1.204	1007	720	1.40
二酸化炭素	CO_2	44.009 8	188.92	1.839	847	658	1.29
ヘリウム	He	4.002 6	2077.2	0.166 4	5197	3120	1.67
水　素	H_2	2.015 8	4124.6	0.083 8	14288	10162	1.41
窒　素	N_2	28.013 4	296.80	1.165	1041	743	1.40
酸　素	O_2	31.998 8	259.83	1.331	919	658	1.40
メタン	CH_4	16.042 6	518.27	0.668 2	2226	1702	1.31

$$\frac{\rho_2}{\rho_1} = \frac{R_1}{R_2} \tag{1.11}$$

これを式 (1.10) に代入すると $M_1 R_1 = M_2 R_2$ となる．この関係式は完全ガスに対して成り立ち，$MR = 8314\,\mathrm{J/kmol \cdot K}$ であるが，実在の気体でもほぼ同じ値を示す．

　流動中の気体の圧力と体積は，一般には $pv^n = $ 一定 の関係式に従って変化する．この式において，温度を一定に保ちながら変化する等温変化では $n = 1$，熱の移動を伴わない断熱変化では $n = \kappa$ である．ここで κ は比熱比と呼ばれ，定圧比熱 c_p と定容比熱 c_v の比を表す．すなわち

$$\kappa = \frac{c_p}{c_v} \tag{1.12}$$

である．表 1.6 に各種気体のガス定数と比熱比を示す．

1.6　音　　　速

　流体中の微小な圧力変動の伝ぱ速度が**音速** (acoustic velocity) であり，その大きさ a は次式で与えられる．

$$a = \sqrt{\frac{dp}{d\rho}} \tag{1.13}$$

いま体積 V の流体の質量を m とすると，$\rho V = m$ の関係がある．この流体の体積と密度が圧力によって変化しても，m は不変であるから

$$\rho dV + V d\rho = 0$$

ゆえに $K = -V(dp/dV) = \rho(dp/d\rho)$ となるので，式 (1.13) から

$$a = \sqrt{\frac{K}{\rho}} \tag{1.14}$$

　次に空気の音速を求めてみよう．空気の状態変化としては断熱を仮定できるので，圧力と密度の間には $p/\rho^\kappa = C = $ 一定 の関係が成り立つ．両辺を ρ で

1.6 音速

微分すると $dp/d\rho = \kappa(p/\rho)$ となるので,式 (1.9) および (1.13) から

$$a = \sqrt{\kappa \frac{p}{\rho}} = \sqrt{\kappa R T} \tag{1.15}$$

上式から,音速は絶対温度の平方根に比例することがわかる.空気の温度を $t\,℃$ とすると,$T = 273.15 + t$ であるので,常温では $t \ll 273.15$ であるから,式 (1.15) の平方根を t について展開すると音速 a に関する次の近似式が得られる.

$$a = 331.5 + 0.61\,t \quad [\mathrm{m/s}] \tag{1.16}$$

温度 $t\,℃$ の水の音速については,次の実験式がある.

$$a = 1404.4 + 4.8215\,t - 0.047562\,t^2 + 0.00013541\,t^3 \quad [\mathrm{m/s}] \tag{1.17}$$

表 1.7 に各種流体中の音速の値を示す.

流体の速度 V と音速 a の比 Ma は**マッハ数** (Mach number) と呼ばれる.すなわち

$$Ma = \frac{V}{a} \tag{1.18}$$

気体の圧縮性の影響の程度は $(1/2)Ma^2$ により知ることができる.時速 $300\,\mathrm{km}$ $(= 83.3\,\mathrm{m/s})$ で走行する新幹線の場合,空気の音速を $340\,\mathrm{m/s}$ とすると $Ma = 0.245$ となる.したがって密度変化を $\Delta\rho$ とすると $\Delta\rho/\rho \approx (1/2)Ma^2 = 0.03$,すなわち密度変化は 3% 程度である.

表 1.7 流体中の音速 $a\,(\mathrm{m/s})$

物質＼温度 (℃)	0	20
乾 燥 空 気	331.7	343.6
水	1404	1483
水 銀	1460	1451
グ リ セ リ ン	—	1923
エチルアルコール	1242	1168
メチルアルコール	1187	1121
ベ ン ゾ ー ル	—	1324

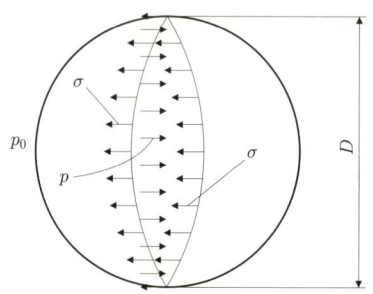

図 1.4 水滴内の圧力

1.7 表面張力

　液体には液体分子間の引力による凝集力が働いている．液体内部ではその力がすべての方向に働くので釣り合い状態が保たれている．しかし表面ではそれに接する気体からの引力がないので流体を内部に引き込もうとする力が働き，表面が曲率をもつときにはその合力が表面上で垂直応力を生じる．この力を**表面張力** (surface tension) と呼び，液体表面の単位長さ当たりの大きさで定義され，その単位は N/m である．

　図 1.4 のような直径 D の小さな球状の水滴の中心を通る断面を考える．その内部の圧力を p，周囲の圧力を p_0 とするとき，球状を保つには圧力差 $p - p_0$ による力 $(\pi/4)D^2(p - p_0)$ は任意の円周上で働く表面張力 $\pi D \sigma$ と釣り合うので

$$\frac{\pi}{4}D^2(p - p_0) = \pi D \sigma \qquad (1.19)$$

ゆえに

$$p - p_0 = \frac{4\sigma}{D} \qquad (1.20)$$

この式で表されるように水滴内の圧力は周囲の値より大きく，その直径が小さくなるほど表面張力による圧力上昇が大きくなる．同様に考えるとシャボン玉の内部の圧力は，液体表面が液膜を挟んで両側にあるので表面張力は水滴の場合の 2 倍になり，次式で与えられる．

$$p - p_0 = \frac{8\sigma}{D} \qquad (1.21)$$

1.7 表面張力

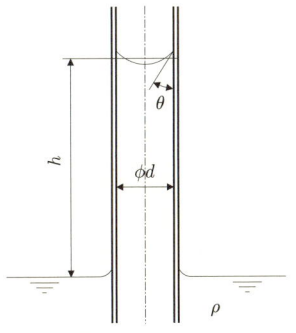

図 1.5 毛管現象

他の物質との間に境界をもつ液体には上述の凝集力とともに付着力が働く．もし凝集力より付着力の方が大きいと，液体は他の物質表面に広がりその面を覆うことになる．これに対し水銀のように凝集力がより大きい場合には，固体と接する点で球状の液滴を形成する．図 1.5 に示すように液中に細い管を立てたとき，管壁への付着力の方が大きいと液面は上昇し，凝集力の方が勝るときには液面は下降する．この現象を**毛管現象** (capillarity) という．

図 1.5 において，表面張力による液面の上昇高さを求めてみよう．液体と細管の間には両物質に特有な接触角 θ がある．この図の場合は表面張力が斜め上方に作用し，その鉛直成分がガラス管内の液体の重量と釣り合うことから

$$\pi d \sigma \cos\theta = \rho g \frac{\pi}{4} d^2 h \tag{1.22}$$

したがって液面の上昇高さ h は，次式で与えられる．

$$h = \frac{4\sigma \cos\theta}{\rho g d} \tag{1.23}$$

表 1.8 各種液体の表面張力 $\sigma \times 10^3$ (N/m)

流体		表面流体		温度 (℃)					
				0	10	20	40	70	100
水		空気		75.62	74.20	72.75	69.55	64.41	58.84
		飽和蒸気		75.64	74.23	72.75	69.60	64.47	58.91
水銀		飽和蒸気			488.6	486.5	482.4	476.3	470.1
エチルアルコール		空気		24.0	23.1	22.3	20.6	18.2	
		アルコール蒸気			23.22	22.39	20.72	18.23	

接触角 θ は，ガラス表面が清浄であれば水で $0°$，水銀で約 $135°$ である．流体圧の測定などでガラス管を用いて液柱高さを読み取る場合，ガラス管の内径が小さいと，上式からわかるように表面張力による液面の変化が生じるので注意が必要である．表 1.8 に水，水銀，エチルアルコールの表面張力の値を示す．

1.8 液体の飽和蒸気圧

液体にはその表面から絶えず分子を空間に放出する性質がある．これが蒸発作用である．閉ざされた容器内に蒸発した気体は，それ自体が容器内で分圧を生じる．蒸発が活発であるとやがてその分圧は一定となり，表面からの蒸発が止まる．このときの蒸発した液体の圧力を**飽和蒸気圧** (saturated vapor pressure) という．この蒸発作用は液体の温度が増すとますます活発になり，飽和蒸気圧の値も増大する．表 1.9 に水の温度と飽和蒸気圧の関係を示す．

流体機械の内部では，流体が羽根車に流入する際に急激な速度の変化を受けるので圧力が急低下する場所が存在する．もしそこの圧力が飽和蒸気圧以下に

表 1.9 水の飽和蒸気圧

温度 (℃)	飽和蒸気圧 (kPa)
0	0.61
10	1.23
20	2.34
40	7.38
60	19.92
80	47.36
100	101.33
120	198.54
180	1002.7
250	3977.6

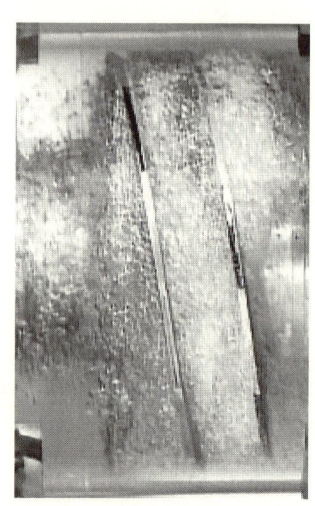

図 1.6 インデューサ内に発生するキャビテーション
（九州大学 古川明徳教授のご好意による）

なると，液体の内部から小さな蒸気泡が発生する．この現象を**キャビテーション** (cavitation) と呼ぶ．図 1.6 はロケット用の液体酸素ポンプ模型の入口に取り付けたインデューサ内で発生しているキャビテーションの写真である．

演習問題

1.1 比重 1.03 の液体の密度を求めよ．

1.2 体積 $4.20\,\mathrm{m^3}$，質量 $2.95 \times 10^3\,\mathrm{kg}$ のガソリンの密度および比重を求めよ．

1.3 比重 0.965，粘度 $1.20 \times 10^{-3}\,\mathrm{Pa \cdot s}$ の液体の動粘度を求めよ．

1.4 体積 $0.150\,\mathrm{m^3}$，体積弾性係数 $2.20\,\mathrm{GPa}$ の液体の圧力が $35.0\,\mathrm{MPa}$ 増加したときの体積変化を求めよ．

1.5 $1\,\mathrm{atm}\ (=101.3\,\mathrm{kPa})$，温度 $18\,\mathrm{℃}$ における空気の密度を求めよ．ここで空気は完全ガスの状態方程式に従うものとし，ガス定数を $R = 287\,\mathrm{J/kg \cdot K}$ とする．

1.6 音速を表す式 (1.14) または (1.15) を用いて，大気圧 ($1\,\mathrm{atm}$)，温度 $20\,\mathrm{℃}$ における空気中および水中での音速を求めよ．

1.7 空気中に浮かんでいる半径 r の微小な球状の水滴 2 個が合体して，同じ球状の水滴になった．このとき内部の圧力はどのように変化するか．

2 流体の静力学

　本章では，静止状態の流体および物体を対象としてこれらに作用する力の釣り合いを考える．水中における圧力が深さとともに増加することは経験的によく知っていることであるが，水に限らず，まず重力が作用しているときの流体の高さと圧力の間に成り立つ一般的な関係式を導く．この圧力をもとに，流体と接している固体壁面に働く力や流体中の物体が受ける浮力などについて学ぶ．

2.1　圧　　力

　静止している流体では，その中の任意の面に作用する力は面に垂直な成分のみである．微小面積を ΔA，そこに作用する力を ΔF とすると

$$p = \lim_{\Delta A \to 0} \frac{\Delta F}{\Delta A} \tag{2.1}$$

を，**圧力** (pressure) といい，単位として Pa ($= \text{N/m}^2$) を用いる．

　静止流体中では，任意の一点に作用する圧力は方向によらず一定である．このことを図 2.1 に従って以下に説明する．静止流体中に，紙面に垂直方向に単位長さをもち各辺の長さが dx, dy, ds の微小直角三角柱 ABC を考える．三角柱には圧力による力と重力が作用するが，三角柱は微小なため圧力は面内で一

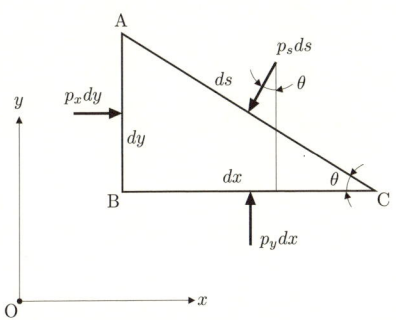

図 **2.1**　静止流体中の圧力

定とみなすことができ，また重力は無視できる．したがって面 AB, BC, CA に作用する圧力をそれぞれ p_x, p_y, p_s とすると，力の釣り合いから x 方向と y 方向に関し次式が成立する．

$$x \text{ 方向}: \quad p_x dy - p_s ds \sin\theta = 0 \qquad (2.2)$$

$$y \text{ 方向}: \quad p_y dx - p_s ds \cos\theta = 0 \qquad (2.3)$$

また幾何学的な関係により $dy = ds\sin\theta, dx = ds\cos\theta$ であるから，上式より

$$p_x = p_y = p_s \qquad (2.4)$$

ここで角度 θ は任意に選ぶことができるので，圧力は方向によらず一定であることがわかる．

以上は二次元で説明したが，三次元の場合には3つの面と座標面を一致させた微小直角四面体に関する力の釣り合いから

$$p_x = p_y = p_z = p_s \qquad (2.5)$$

であることが示される．

2.2　重力の作用下にある流体の圧力

重力が作用しているときの流体中の一点の圧力と深さの関係を求めてみよう．図 2.2 に示すように鉛直方向に z 軸をとって上向きを正とし，断面積 dA, 高さ dz の微小円柱に作用する力の釣り合いを考える．位置 z における圧力を p とすると，距離 dz だけ隔たった上面における圧力は $p + (\partial p/\partial z)dz = p + (dp/dz)dz = p + dp$ と表される．したがって，円筒の上面と下面に働く圧力による上向きの力は

$$[p - (p+dp)]dA \qquad (2.6)$$

である．一方，流体の密度を ρ とすると円柱には重力 W すなわち

$$\rho \, dA dz \cdot g \qquad (2.7)$$

2.2 重力の作用下にある流体の圧力

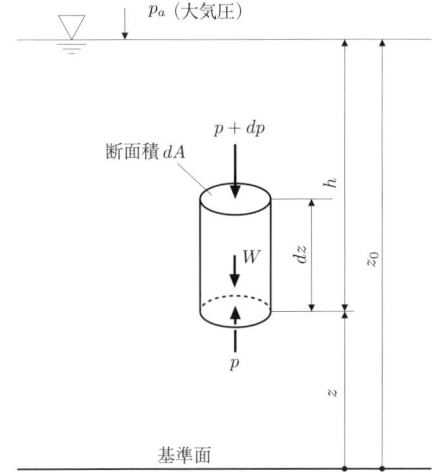

図 2.2 圧力と深さの関係

が下向きに作用する．これらの力は釣り合うことから

$$[p - (p + dp)]dA = \rho\, dA dz \cdot g \tag{2.8}$$

これを変形して，次式が得られる．

$$\frac{dp}{dz} = -\rho g \tag{2.9}$$

密度 ρ を一定として，両辺を積分すると

$$p = -\rho g z + C \tag{2.10}$$

積分定数 C は，液面 $z = z_0$ において $p = p_a$（大気圧）であることから定められ

$$C = \rho g z_0 + p_a \tag{2.11}$$

したがって位置 z における深さ $z_0 - z$ を h とすると，式 (2.10) は

$$p = \rho g(z_0 - z) + p_a = \rho g h + p_a\,(\text{絶対圧}) \tag{2.12}$$

大気圧を基準にとった圧力で表示すれば

$$p = \rho g h\,(\text{ゲージ圧}) \tag{2.13}$$

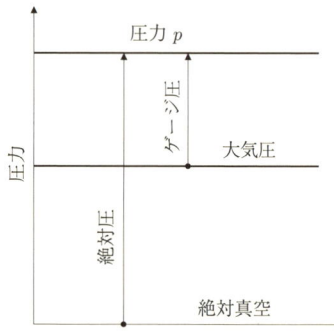

図 2.3 ゲージ圧と絶対圧の関係

このように圧力を表す方式には絶対真空を基準とする**絶対圧**(absolute pressure)と大気圧を基準にとる**ゲージ圧**(gauge pressure) の 2 つがあり，両者の関係は図 2.3 のようになる．ゲージ圧は，圧力が大気圧よりどれだけ高いかあるいは低いかを示しているので便利でありよく用いられる．圧力をゲージ圧，絶対圧のいずれで表示してもよい場合もあるが，紛らわしいときにはその区別を明示する必要がある．また，気体の状態方程式のように絶対圧を用いなければ意味をなさないこともあるので注意を要する．

なお大気圧は一定ではなく，時間あるいは場所によって異なる値をとるので 1013.25 hPa を標準気圧と定め，1 atm と表示する（ただし atm は SI 単位ではない）．

例題 2.1 図 2.4 に示す海面下 3.50 m の点 A における圧力をゲージ圧と絶対圧で表示せよ．ここで海水の比重を 1.03，大気圧を 1013 hPa とする．

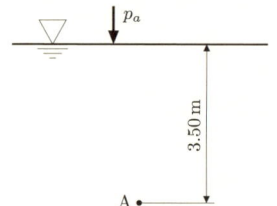

図 2.4 海水中の圧力

(**解**) ゲージ圧：$p_A = \rho g h = 1.03 \times 10^3 \times 9.81 \times 3.5 = 35.4 \times 10^3$ Pa $= 35.4$ kPa

絶対圧：$p_A = \rho g h + p_a = 35.4 \times 10^3 + 1013 \times 10^2 = 137 \times 10^3$ Pa $= 137$ kPa

2.3　パスカルの原理

　密閉された容器を満たす流体の一部に圧力変化 Δp を与えると，容器内のすべての部分の圧力が Δp だけ変化する．これを**パスカルの原理** (Pascal's principle) という．いま図 2.5 に示す密閉容器において，高さが異なる 3 つの点 A, B, C に注目すると，これらにおける圧力の間には

$$p_A = p_B - \rho g h_B = p_C + \rho g h_C \tag{2.14}$$

の関係がある．したがって点 A の圧力が Δp だけ変化すれば，点 B，C の圧力も Δp だけ変化するので，圧力変化後は

$$p_A + \Delta p = p_B + \Delta p - \rho g h_B = p_C + \Delta p + \rho g h_C \tag{2.15}$$

の関係が成立する．ただしパスカルの原理を応用した油圧装置などでは，高さの差による圧力差は圧力そのものに比べて十分小さいのでこれを無視できる．このような場合は，$p_A = p_B = p_C$ とみなすことができる．

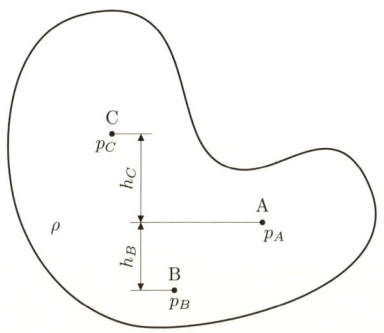

図 2.5　パスカルの原理

例題 2.2　図 2.6 に示す装置において内部は油で満たされており，ピストン A とピストン B の直径はそれぞれ d_1, d_2 である．ピストン A に力 F_1 が作用するとき，同じ高さで両ピストンが釣り合うためにはピストン B にいくらの力を加えればよいか．ここでピストンの重量，ピストンとシリンダ間の摩擦は無視できるものとする．

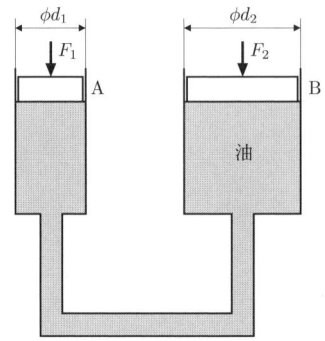

図 2.6 パスカルの原理の応用

(**解**) 両ピストンに作用する圧力は等しいので

$$\frac{F_1}{(\pi/4)d_1^2} = \frac{F_2}{(\pi/4)d_2^2} \quad \therefore \quad F_2 = \left(\frac{d_2}{d_1}\right)^2 F_1$$

いま仮に $d_2/d_1 = 4$ とすると，この原理を利用することで力を 16 倍に増幅することができる．

2.4 液柱計

2.2 節では液体の高さと圧力の関係を導いたが，これを利用した圧力計を**液柱計** (manometer) という．液体としては水，アルコール，水銀，四塩化炭素などがよく用いられる．

2.4.1 通常液柱計

図 2.7 に示すように管または容器の壁に小孔をあけ，その先に細いガラス管などの透明な管を取り付ける．点 A の圧力が周囲の圧力（大気圧）より高ければ流体（液体）は細い管内を高さ H まで上昇する．したがって点 A の圧力 p_A は流体の密度を ρ とすると

$$p_A = \rho g H + p_a \tag{2.16}$$

で与えられる．上式は絶対圧表示であるが，ゲージ圧では

$$p_A = \rho g H \tag{2.17}$$

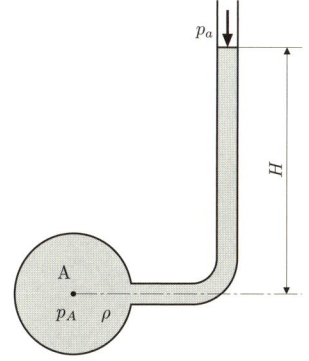

図 2.7　ピエゾメータ

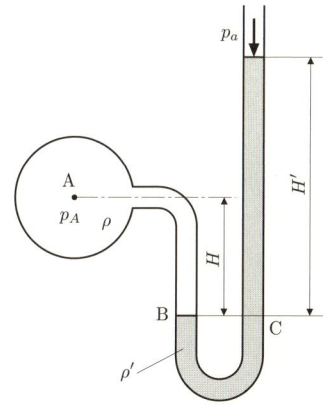

図 2.8　U 字管マノメータ

と表される．このような液柱計は**ピエゾメータ** (piezometer) と呼ばれる．

測定流体が気体の場合，または液体の場合で圧力がまわりのそれ（大気圧）よりも低いか，あるいは高過ぎて図 2.7 では H が過大になるときは，図 2.8 の U 字管マノメータが用いられる．U 字管の中には測定流体の密度 ρ よりも大きな密度 ρ' の液体を入れる．図 2.8 において点 B の圧力 $p_A + \rho g H$ は，点 C の圧力 $p_a + \rho' g H'$ と等しいので

$$p_A + \rho g H = p_a + \rho' g H' \tag{2.18}$$

したがって，点 A の圧力は

$$\text{絶対圧}\ :\quad p_A = g(\rho' H' - \rho H) + p_a \tag{2.19}$$

22　第 2 章　流体の静力学

$$\text{ゲージ圧：}\quad p_A = g(\rho' H' - \rho H) \tag{2.20}$$

で与えられる．

2.4.2 示差圧力計

2 点間の圧力差を測定する液柱計を**示差圧力計** (differential manometer) という．図 2.9(a) は，液柱計内の液体の密度 ρ' が測定流体の密度 ρ より大きい場合に用いられる．図 2.9(a) において点 C の圧力と点 D の圧力が等しいことから

$$p_A + \rho g(H + H') = p_B + \rho g H' + \rho' g H \tag{2.21}$$

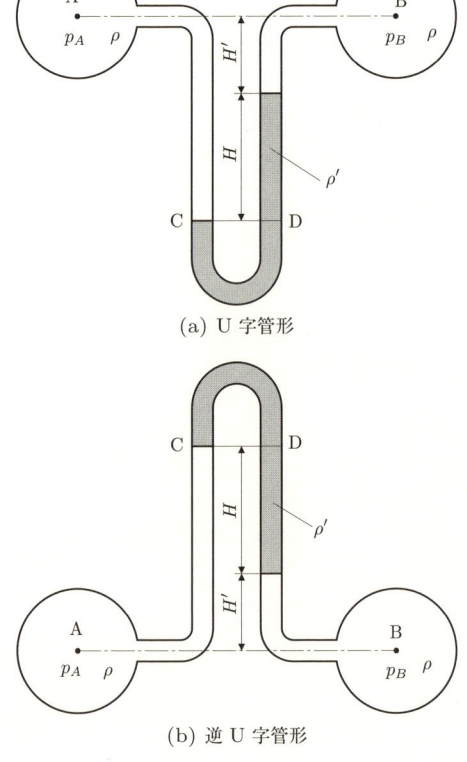

(a) U 字管形

(b) 逆 U 字管形

図 2.9　示差圧力計

したがって，点 A と点 B の圧力差は

$$p_A - p_B = (\rho' - \rho)gH \tag{2.22}$$

液柱計内の液体の密度 ρ' を測定流体の密度 ρ より小さくする必要がある場合は，図 2.9(b) のように U 字管を倒立させる．これは逆 U 字管マノメータと呼ばれる．この場合も点 C と点 D の圧力が等しいとおいて

$$p_A - \rho g(H + H') = p_B - \rho g H' - \rho' g H \tag{2.23}$$

ゆえに 2 点間の圧力差は

$$p_A - p_B = (\rho - \rho')gH \tag{2.24}$$

以上のように 2 点 A, B の高さが同じであれば，液面差 H を測定することにより 2 点間の圧力差を求めることができる．

2.5 壁面に作用する静止流体力

2.5.1 平面に働く力

物体が静止流体から受ける力は圧力による力のみで，壁面に垂直に働く．図 2.10(a) に示す面積 A の水平な平面の場合，圧力 p は平面に一様に作用するので面に働く力 F は，$F = pA$ から求めることができる．ここで圧力 p は深さ h を用いて $p = \rho g h$ とゲージ圧表示されるので，力 F は次の簡単な式で与えられる．

$$F = \rho g h A \tag{2.25}$$

しかし図 2.10(b) のように面が水平でないときは，圧力が平面上の位置によって変化するので上述の場合とは異なり，微小面積 dA を考えてそこに作用する力 pdA を面全体にわたって積分しなければならない．図 2.10(b) は面に沿って下向きに y 軸を，紙面に垂直方向に x 軸をとり，x-y 面に垂直な方向から見た投影図を表している．点 (x, y) の圧力を p，その深さを h，面が水平方

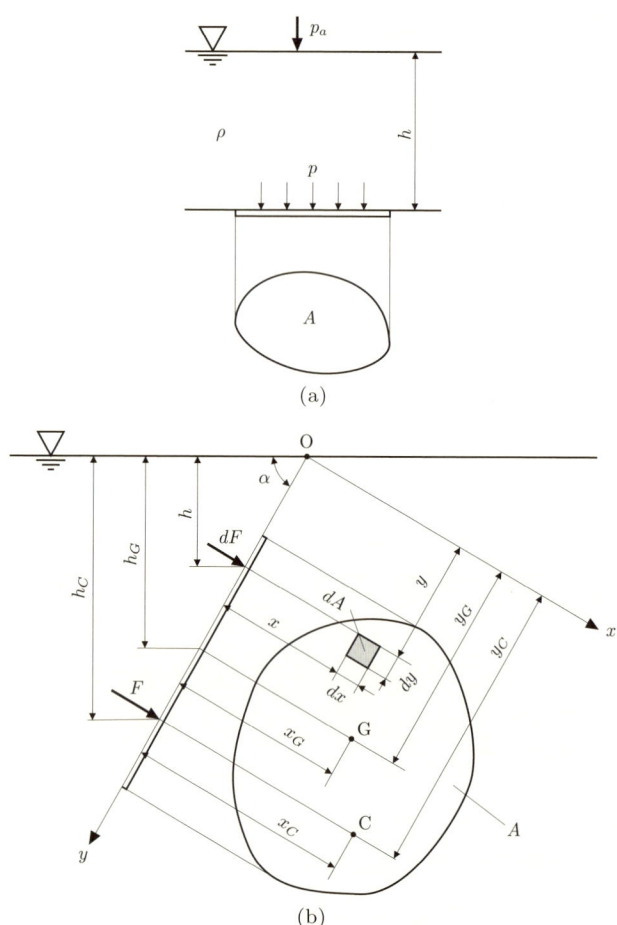

図 2.10 平面に作用する全圧力

向となす角を α とすると微小面積 dA に作用する力 dF は

$$dF = pdA = \rho gh\, dA = \rho gy \sin\alpha \cdot dA \tag{2.26}$$

したがって面積 A の平面に作用する力 F は，dF を面全体にわたって積分することにより

$$F = \int_A dF = \rho g \sin\alpha \int_A y dA \tag{2.27}$$

2.5 壁面に作用する静止流体力

また，重心（図心）G の座標を (x_G, y_G) とすると

$$\int_A y dA = y_G A \tag{2.28}$$

であるから

$$F = \rho g \sin\alpha \cdot y_G A = \rho g h_G A = p_G A \tag{2.29}$$

ここで h_G, p_G はそれぞれ重心の深さおよび重心における圧力を表し，$p_G = \rho g h_G$ である．上式の圧力による力 F を**全圧力** (total pressure) といい，（全圧力）＝（重心に作用する圧力）×（平面の全面積）で表され，単位は N である．

以上で力の大きさは求められたが，この力の作用点はどこかという問題が残る．これは力のモーメントの釣り合いから求めることができる．全圧力の作用点を**圧力の中心** (center of pressure) といい，その座標を (x_C, y_C) とすると，全圧力の x 軸まわりのモーメント $F y_C$ は，微小面積 dA に働く力 dF の x 軸まわりのモーメントの総和 $\int_A y dF$ に等しいので

$$F y_C = \int_A y dF = \rho g \sin\alpha \int_A y^2 dA \tag{2.30}$$

上式に，式 (2.27) を代入して整理すると

$$y_C = \frac{\int_A y^2 dA}{\int_A y dA} = \frac{I}{y_G A} \tag{2.31}$$

ここで $I = \int_A y^2 dA$ は x 軸まわりの断面二次モーメントであり，重心を通り x 軸に平行な軸のまわりの断面二次モーメントを I_G とすると

$$I = I_G + y_G^2 A \tag{2.32}$$

したがって

$$y_C = \frac{I_G}{y_G A} + y_G \tag{2.33}$$

このように $y_C > y_G$ となり，圧力の中心は重心よりも常に下にある．

次に全圧力の y 軸まわりのモーメント $F x_C$ は，微小面積 dA に働く力 dF の y 軸まわりのモーメントの総和 $\int_A x dF$ に等しいとおいて，圧力の中心の x 座標を求めると

$$x_C = \frac{1}{y_G A} \int_A xy dA \tag{2.34}$$

図 2.11 の図形:

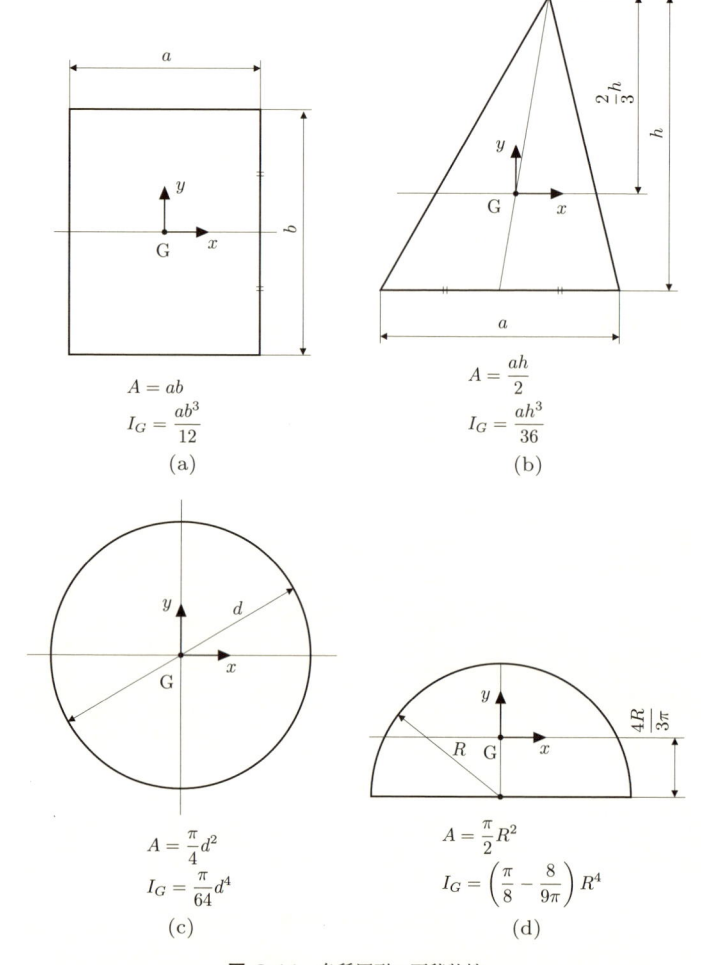

(a) 長方形
$A = ab$
$I_G = \dfrac{ab^3}{12}$

(b) 三角形（重心は底辺から $\dfrac{h}{3}$、頂点から $\dfrac{2h}{3}$）
$A = \dfrac{ah}{2}$
$I_G = \dfrac{ah^3}{36}$

(c) 円
$A = \dfrac{\pi}{4}d^2$
$I_G = \dfrac{\pi}{64}d^4$

(d) 半円（重心は直径から $\dfrac{4R}{3\pi}$）
$A = \dfrac{\pi}{2}R^2$
$I_G = \left(\dfrac{\pi}{8} - \dfrac{8}{9\pi}\right)R^4$

図 2.11　各種図形の面積特性

平面が重心を通って y 軸に平行な軸に関して対称な場合は，圧力の中心はこの対称軸上にあることは明らかであり

$$x_C = x_G \tag{2.35}$$

代表的な図形の面積特性を図 2.11 に示す．

例題 2.3 図 2.12 に示す水面に垂直な岸壁内の幅 1.50 m, 高さ 2.50 m の長方形部分に作用する全圧力と圧力の中心を求めよ．

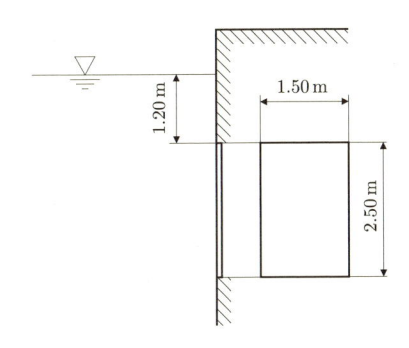

図 2.12 長方形部分に作用する全圧力

（解）　重心の深さ $h_G = 1.2 + 2.5/2 = 2.45\,\mathrm{m}$ より，全圧力は

$$F = \rho g h_G A = 10^3 \times 9.81 \times 2.45 \times 1.5 \times 2.5 = 90.1 \times 10^3\,\mathrm{N} = 90.1\,\mathrm{kN}$$

長方形の断面二次モーメント $I_G = 1.5 \times 2.5^3/12 = 1.95\,\mathrm{m}^4$, $y_G = h_G$ より圧力の中心の深さは

$$h_C = y_C = \frac{I_G}{y_G A} + y_G = \frac{1.95}{2.45 \times 1.5 \times 2.5} + 2.45 = 2.66\,\mathrm{m}$$

2.5.2 曲面に働く力

任意形状の曲面に作用する力を求めるには各部分に作用する力をベクトル合成する必要があり，その作業は非常に煩雑である．しかし二次元形状の曲面の場合は比較的容易で，水平方向と鉛直方向の成分を別々に算出しこれらを合成すればよい．図 2.13 に示すように液面上の任意の点を原点に定め，水平方向に x 軸を，鉛直方向に z 軸（下向きを正）をとり，紙面に垂直方向に単位長さを考える．位置 (x, z) における微小面積 dA には，圧力 p による力 $dF = \rho g z\, dA$ が作用する．曲面が水平方向となす角度を α とすると dF の水平成分 dF_x は，$dF_x = dF \sin\alpha = \rho g z\, dA \cdot \sin\alpha$ と表されるので，曲面全体に作用する圧力による力 F の水平成分 F_x は，dF_x を曲面全体にわたって積分して

$$F_x = \int_A dF_x = \rho g \int_A z \sin\alpha\, dA \tag{2.36}$$

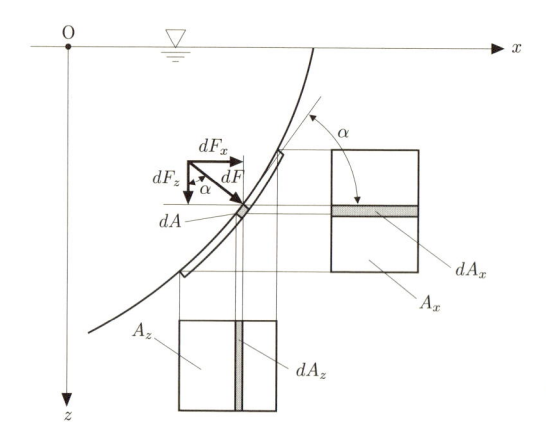

図 2.13 二次元曲面に作用する全圧力

上式において，$\sin\alpha\, dA$ は微小面積 dA の水平方向への投影面積 dA_x を表しているので

$$F_x = \rho g \int_{A_x} z\, dA_x = \rho g h_G A_x \qquad (2.37)$$

ここで h_G は曲面を水平方向へ投影して得られる図形の重心の深さ，A_x は面積である．$\rho g h_G$ は投影図形の重心に作用する圧力 p_G を表しているので

$$F_x = p_G A_x \qquad (2.38)$$

これは平面壁と同じ結果であり，全圧力の水平成分の作用線は投影図形の圧力の中心を通る．

次に力 dF の鉛直成分 dF_z は $dF_z = dF\cos\alpha = \rho g z\, dA \cdot \cos\alpha$ であるが，$dA\cos\alpha$ は微小面積 dA の鉛直方向への投影面積 dA_z を表している．したがって

$$F_z = \int_A dF_z = \rho g \int_{A_z} z\, dA_z \qquad (2.39)$$

上式の $\int_{A_z} z\, dA_z$ は，曲面上の液体の体積 V を表しているので

$$F_z = \rho g V \qquad (2.40)$$

すなわち曲面に働く全圧力の鉛直成分は，曲面上の液体の重量に等しいことがわかる．その作用線は，曲面上の液体の重心を通る．

2.6 浮力と浮揚体の安定

図 2.14(a) に示すように静止流体中に任意の閉曲面を想定し，この閉曲面内の流体に働く力の釣り合いを考える．流体の密度を ρ，閉曲面内の流体の体積を V とすると，この流体には重力 $W = \rho g V$ が下向きに作用する．しかし閉曲面内の流体は静止しているので，その流体には重力と釣り合う上向きの力が作用していなければならない．したがってその力の大きさは $\rho g V$ で表される．この力 F を**浮力** (buoyancy) という．すなわち

$$F = \rho g V \tag{2.41}$$

この浮力は，図 2.14(a) において閉曲面を鉛直に貫く断面積 dA の微小円筒の上下面に働く圧力差による力 $dF = \rho g h\, dA$ の積分値にほかならない．すなわち

$$F = \int \rho g h\, dA = \rho g \int h\, dA = \rho g V$$

図 2.14(b) のように閉曲面内の流体をその周囲の流体とは異なる密度 ρ' をもつ別の物体に置き換えた場合でも表面上の圧力分布は変わらないので，浮力は式 (2.41) で表される．ただし $\rho' > \rho$ では物体の重量が浮力より大きくなり，$\rho' < \rho$ では逆に物体の重量の方が浮力よりも小さくなるので，いずれの場合も

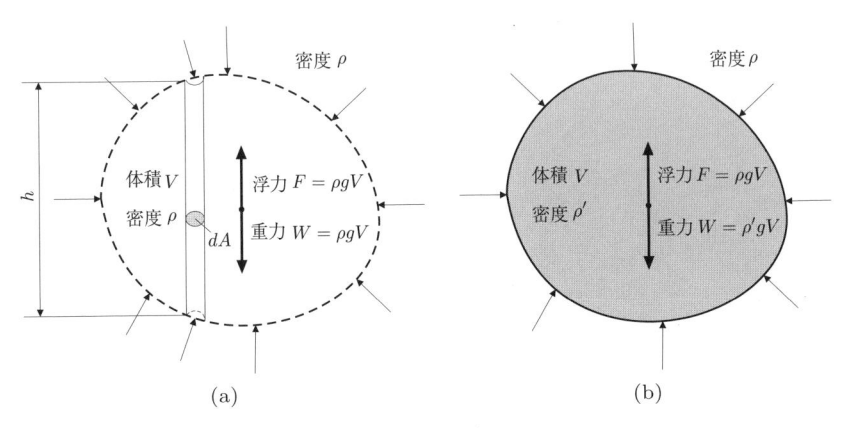

図 2.14 浮力

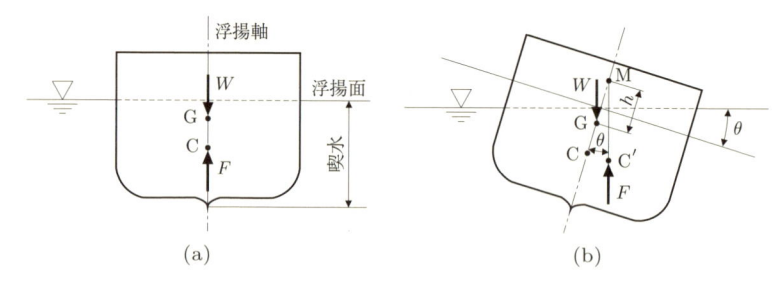

図 2.15 浮揚体の安定性

　物体を静止させるためには外部から力を加える必要がある．いい換えると「流体中の物体は，その物体が排除した流体の重量に等しい上向きの力（浮力）を受ける」．これを**アルキメデスの原理** (Archimedes' principle) という．

　次に図 2.15(a) のように物体が水面に浮いて静止状態にあるときを考える．このとき物体すなわち浮揚体には鉛直上向きの浮力 F と下向きの重力 W が働き，両者は釣り合っている．浮揚体の重心 G と浮力の中心 C は同一鉛直線上にあり，この鉛直線を浮揚軸という．また水面が浮揚体を切断する面を浮揚面，浮揚面から浮揚体の最下部までの距離を喫水，浮揚体が排除した水の重量を排水量と呼ぶ．

　いま浮揚体が図 2.15(b) のように浮揚面に対して角度 θ だけ傾いたとすると，排除体積の形が変化するため浮力の中心は C から C′ に移動し，浮力 F と重力 W により偶力が発生する．このときの浮力の作用線と浮揚軸の交点 M を**メタセンタ** (metacenter) という．メタセンタの高さを h とすると，偶力 T は次式で与えられる．

$$T = Wh\sin\theta \tag{2.42}$$

　図 2.15(b) のように M が G より上方にあるとき ($h > 0$)，偶力は浮揚体を元の位置に戻そうとする方向に働き安定である．しかし M が G より下方にくると ($h < 0$)，偶力は浮揚体の傾きを増大させる方向に働くので不安定である．また $h = 0$ は中立である．このように h の正負で浮揚体の安定が判別できる．

例題 2.4 密度が ρ で各辺の長さが a, b, c（紙面に垂直方向の長さ）の直方体を密度 ρ' の液体に入れたとき，図 2.16 に示す状態で静止したとする．このときの液面下の長さ h を求めよ．

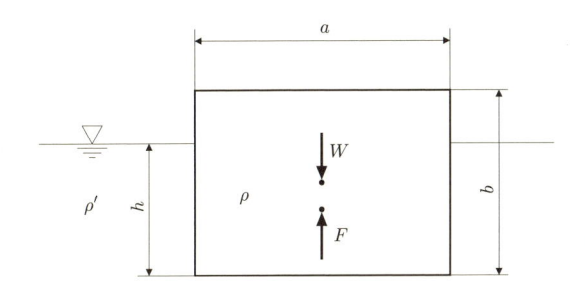

図 2.16 浮揚体の力の釣り合い

（解）浮力 $\rho' gach$ は，重力 $\rho gabc$ と釣り合うので

$$\rho' gach = \rho gabc \qquad \therefore \quad h = \frac{\rho}{\rho'} b$$

なお物体の液面より上の部分も空気を排除するのでその重量に等しい浮力を受けるが，液面下の物体に作用する浮力に比べ十分小さいのでこれを考慮する必要はない．

2.7 相対的静止

容器内の液体が容器とともに等加速度直線運動あるいは一定角速度の回転運動を行う場合，容器に固定した座標系から見れば液体を静止状態として扱うことができる．この状態を相対的静止という．

2.7.1 等加速度直線運動

図 2.17 のように液体を入れた容器が加速度 α で水平方向に運動している場合を考える．容器に固定した座標系から見ると容器内の液体には鉛直下向きの重力加速度 g のほかに運動方向とは逆向きの見かけの加速度 α が作用する．したがって，これらの合成加速度 R は次式で与えられる．

$$R = \sqrt{\alpha^2 + g^2} \tag{2.43}$$

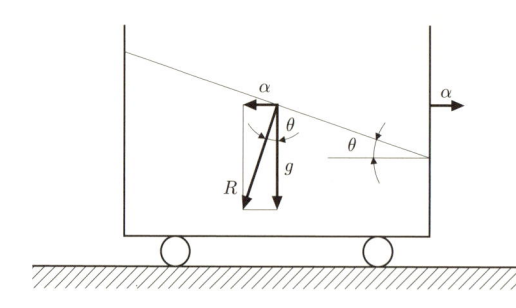

図 2.17　等加速度の直線運動をする容器内の液体

液面は R と直交し，液面から垂直方向に測った深さ h の位置における圧力 p は

$$p = \rho R h \tag{2.44}$$

で表される．また液面が水平方向となす角を θ とすると，R と g がなす角も θ に等しいので

$$\tan\theta = \frac{\alpha}{g} \tag{2.45}$$

2.7.2　回 転 運 動

図 2.18 のように円筒容器の中に液体を入れ，鉛直方向の中心軸まわりに一定角速度で回転させると，十分な時間経過後には液体は容器と一体となって回転する．この流れは**強制渦** (forced vortex) と呼ばれる．以下では液面の形状を求めてみよう．

角速度を ω とし，回転軸の方向に z 軸を，半径方向に r 軸をとる．容器とともに回転する座標系では液体には重力加速度 g が下向きに，見かけの加速度すなわち遠心加速度 $r\omega^2$ が半径方向外向きに作用する．液面が水平方向となす角を θ とすると，液面は合成加速度 R と直交し，幾何学的関係から

$$\tan\theta = \frac{r\omega^2}{g} \tag{2.46}$$

液面の座標を z_s とすると

$$\frac{dz_s}{dr} = \tan\theta \tag{2.47}$$

式 (2.46)，(2.47) から

$$\frac{dz_s}{dr} = \frac{r\omega^2}{g} \tag{2.48}$$

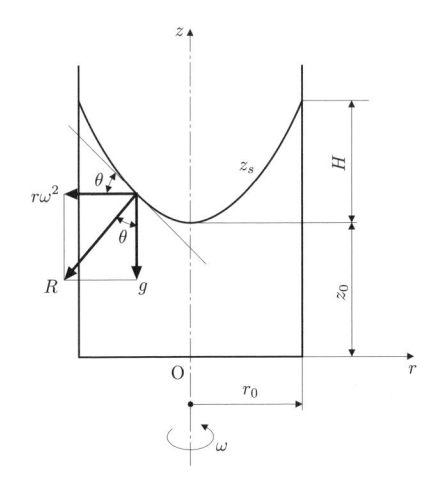

図 2.18 一定角速度の回転運動をする容器内の液体

両辺を積分し，$r=0$ のとき $z_s = z_0$（z_0：液面の中心の高さ）とすると

$$z_s = z_0 + \frac{(r\omega)^2}{2g} = z_0 + \frac{u^2}{2g} \tag{2.49}$$

ここで $u = r\omega$ は周速度を表す．z_s は r の2次式で表され，液面形状は放物線（正確には回転放物面）であることがわかる．また円筒の半径を r_0，$r = r_0$ のとき $z_s - z_0 = H$ とすると

$$H = \frac{(r_0\omega)^2}{2g} \tag{2.50}$$

演習問題

2.1 図 2.19 に示すように，容器の側壁に水を封入したU字管マノメータが接続されている．点Aの圧力が $8.00\,\mathrm{kPa}$（ゲージ圧）のとき，H はいくらになるか．

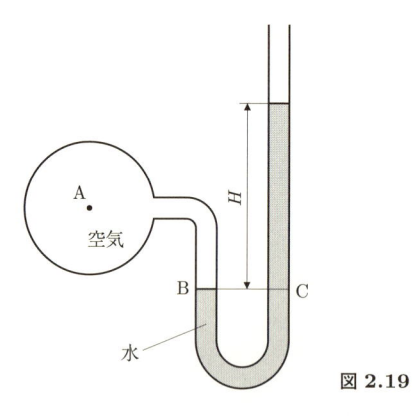

図 2.19

2.2 図 2.20 に示す密閉タンクには上からガス，油（比重 $s = 0.850$），水が入っている．U 字管マノメータには水銀（比重 $s' = 13.6$）が封入されており，その指示値 H は 250 mm である．ガスの圧力 p_g をゲージ圧および絶対圧で表示せよ．ここで大気圧は 1013 hPa とする．

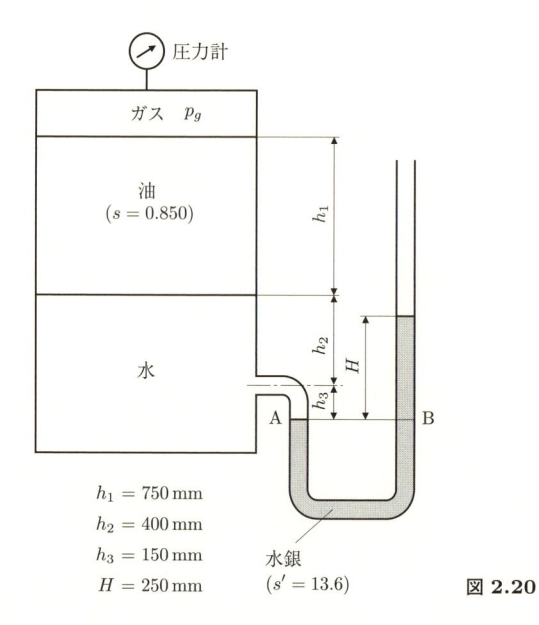

$h_1 = 750\,\mathrm{mm}$
$h_2 = 400\,\mathrm{mm}$
$h_3 = 150\,\mathrm{mm}$
$H = 250\,\mathrm{mm}$

図 2.20

2.3 図 2.21 において容器 A, B には密度が未知の液体が，マノメータには比重 13.6 の水銀が入っている．容器 A, B の中心の圧力がそれぞれ 40.0 kPa, −20.0 kPa

のとき図の状態で釣り合いが保たれるとして，容器内の液体の密度と比重を求めよ．

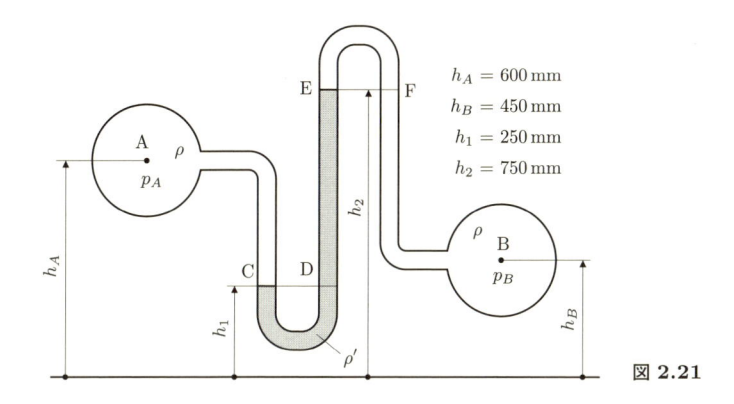

図 2.21

$h_A = 600\,\mathrm{mm}$
$h_B = 450\,\mathrm{mm}$
$h_1 = 250\,\mathrm{mm}$
$h_2 = 750\,\mathrm{mm}$

2.4 図 2.22 は直径 2.30 m，高さ 4.50 m の円筒形密閉タンクで，その中には比重 1.10 の液体が入っている．液面の上部は圧力 25.0 kPa（ゲージ圧）の空気で，その高さは 0.50 m である．タンク底部に作用する圧力と全圧力を求めよ．

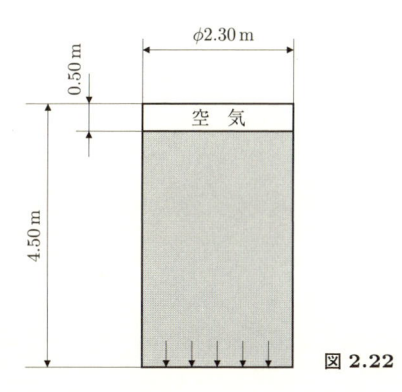

図 2.22

2.5 図 2.23 に示す水中の三角形平板に作用する全圧力とその作用点（圧力の中心）を求めよ．

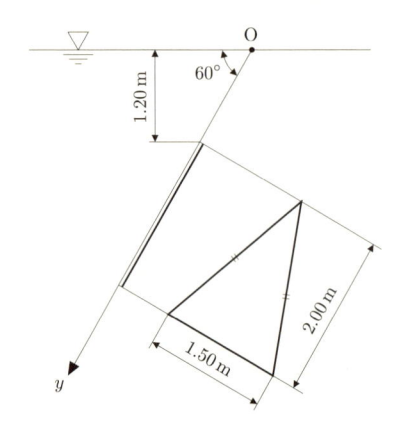

図 2.23

2.6 図 2.24 に示す水中の二次元曲面 AB に作用する単位幅当たりの水圧による力とその力の点 O まわりのモーメントを求めよ．ここで水の密度を ρ_w とする．

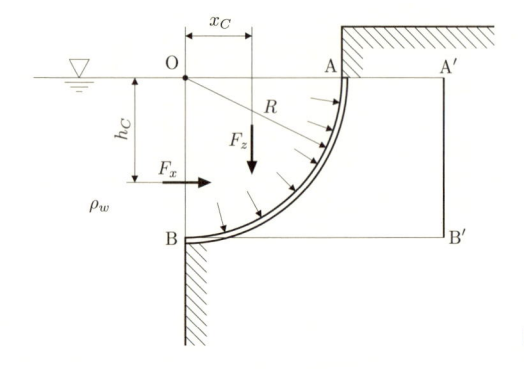

図 2.24

2.7 図 2.25 は密度が水よりも小さな円筒物体で，力 F を鉛直下向きに加えることにより水中に静止している．物体の直径を d，高さを h，密度を ρ'，水の密度を ρ として
  (1) 圧力による力を円筒の上面と下面について別々に求めた後，その合力を導け．
  (2) 上記 (1) で求めた合力が，アルキメデスの原理から求められる浮力の大きさと一致することを示せ．

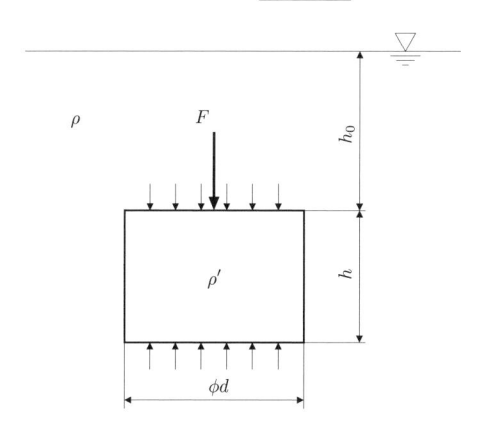

図 2.25

2.8 図 2.26 はボーメの比重計と呼ばれるもので本体はガラス製であり，底には鉛のおもりが入っている．この比重計を水中に静かに置いて浮かせると，水面が点 A の位置で静止する．いまある液体の中に入れたところ，比重計は浮き上がって図に示す高さ H が 35.0 mm の位置で釣り合った．比重計の質量 m を 3.00 g，ガラス管の直径 d を 4.00 mm としてこの液体の比重 s を求めよ．

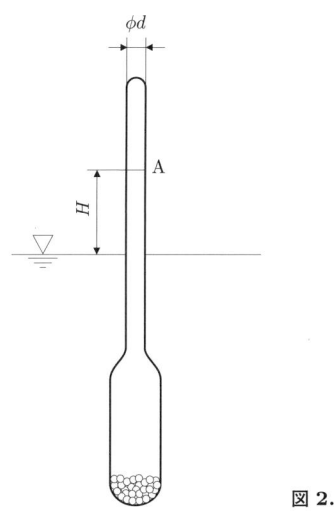

図 2.26

3 流れの基礎

> 第4章以降では，流体の流動に伴う物理現象を扱う．そこで本章では，これらの章に先立ってまず流れ現象の概要をつかむために，流れにはどのような種類があるのか，また流れを表すのに重要な流線とは何かなどについて説明する．

3.1 さまざまな流れ

3.1.1 定常流と非定常流

空間内の特定の位置に注目したとき，そこでの流れが時間に対し変化しない場合，その流れを**定常流** (steady flow) といい，時間とともに変化する流れを**非定常流** (unsteady flow) と呼ぶ．血液の流れは，流速が時間とともに周期的に変化するので非定常流である．自動車のまわりの流れで考えると，自動車が発進し加速中は流速が時間とともに増大するので非定常流であるが，一定速度で走行中は定常流とみなすことができる．なおこの自動車のように物体まわりの流れは，物体と流体のいずれが運動するかによる基本的な違いはなく相対速度で考えればよい．したがって物体が静止していて，それに向かって流体が流れているとして扱えばよい．

本書では特に断らない限り定常流について説明する．

3.1.2 一様流と非一様流

どの位置においても流速の大きさと方向が一定の流れを**一様流** (uniform flow)，位置によって流速の大きさまたは方向が異なる流れを**非一様流** (non-uniform flow) という．管路内あるいは物体近くの流れでは壁面近くの流速が減少し，いずれも非一様流である．ただし流速の大きさが流れと直角方向には変化しても，流れ方向には一定となる流れも多くある．

3.1.3 単相流と混相流

気相または液相のいずれかの相のみの流れを**単相流** (single-phase flow) といい，通常の気体あるいは液体の流れがこれに該当する．これに対して液相，気相，固相のうち2つ以上の相を含む流れを**混相流** (multi-phase flow) という．いずれの相の組み合わせかにより気液二相流，固液二相流，固気二相流と呼ばれ，固気液三相流もある．流体は速度が増加すると圧力が低下する性質があり，液体の場合，圧力がその温度における飽和蒸気圧に達すると液体内部から蒸気泡が発生する．このときの流れは典型的な気液二相流である（図 1.6 参照）．また管路を用いて穀物や鉱物を空気または水とともに輸送することがしばしば行われるが，このときの管内流はそれぞれ固気二相流，固液二相流である．混相流は単相流に比べて現象が複雑であることはいうまでもない．本書では単相流のみを扱う．

3.1.4 層流と乱流

水道の蛇口を少しあけると細く透明な水が下向きに流れることを確認できるが，この状態が**層流** (laminar flow) である．蛇口をいっぱいにあけると，勢いよく出た水はまわりの空気を巻き込んで白濁する．この状態が**乱流** (turbulent flow) である．また線香の煙によっても流れの違いがわかる．暖められた空気が上昇する様子を細かい粒子から成る煙によって知ることができるが，線香から出た煙ははじめまっすぐ筋状に立ち上り，途中から急激に広がってまわりの空気と混合する．もちろん前半部分が層流で，後半の部分が乱流である．層流では流体が層をなして整然と流れ，乱流では流体粒子が不規則に運動するため上記のような相違が現れる．このように流れには層流と乱流の2つの状態がある．層流と乱流ではせん断応力の発生機構が著しく異なり，流れの抵抗などを理解する上で重要である．

3.2 流線，流脈線および流跡線

流体がどのように流れているかを示す線には流線，流脈線，流跡線の3つがある．以下これらについて順に説明する．

3.2 流線,流脈線および流跡線

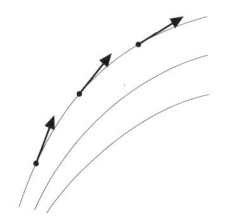

図 3.1 流線

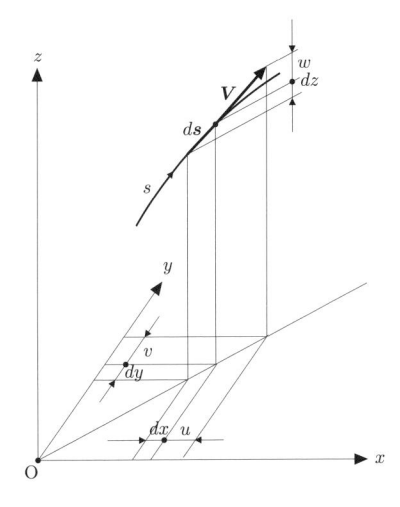

図 3.2 流線の式

図 3.1 のように流れの中に引いた 1 本の曲線において,その線上の任意の点における接線がその点における速度の方向を表すとき,この曲線を**流線** (stream line) という.

図 3.2 に示すように流線の線素を $d\boldsymbol{s} = (dx, dy, dz)$,線素上の流体の速度を $\boldsymbol{V} = (u, v, w)$ とすると,流線の定義から $d\boldsymbol{s}$ と $\boldsymbol{V}$ の方向は等しいので

$$\frac{dx}{ds} : \frac{dy}{ds} : \frac{dz}{ds} = \frac{u}{V} : \frac{v}{V} : \frac{w}{V} \tag{3.1}$$

したがって,流線の式は次のように表される.

$$\frac{dx}{u} = \frac{dy}{v} = \frac{dz}{w} = \frac{ds}{V} \tag{3.2}$$

なお流線はけっして交わることはない.なぜならもし 2 つの流線が交わったとすると,その交点において 2 つの異なる速度をもつことになり矛盾するから

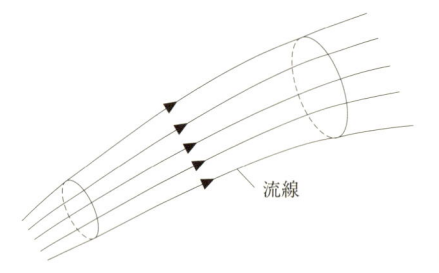

図 3.3 流管

である．図 3.3 のように流れの中に閉曲線をとると，この閉曲線上の各点を通る流線は 1 つの管をつくる．この仮想的な管を**流管** (stream tube) という．流線が交わることはないので，流体が流管を出入りすることもない．管路は 1 つの流管とみなすことができる．

流れの中に固定した一点を通る流体が描く線は**流脈線** (streak line) と呼ばれる．流れを見えるようにするためにその中に煙，インク，小さな固体粒子，気泡などを混ぜてその動きを追跡する方法がよく用いられる．この目的のために流れに混入するものをトレーサという．いまある一点からトレーサを連続的に放出し瞬間写真を撮ったとすると，その写真に写る線は流脈線である．

流れの中の特定流体粒子に注目し，その粒子が流れとともに移動して描く線を**流跡線** (path line) という．風に乗って移動する風船の軌跡は流跡線である．

流れが定常であれば上述の流線，流脈線，流跡線は一致するが，非定常な流れでは異なる．いま図 3.4 に示す煙突から出る煙の動きによって流線，流脈線，流跡線の関係をみてみよう．図 3.4(a) のように風が水平方向に吹いているときは，これら 3 つの線は一致する．一定時間経過後，急に風向きが図 3.4(b) のように右下に変わり，しばらくこの状態が継続するものとすると流線，流脈線，流跡線の一部には違いが現れてくる．さらに風向きが急に右上に変わり，この状態が続くと流線，流脈線，流跡線は図 3.4(c) に示されるようになる．

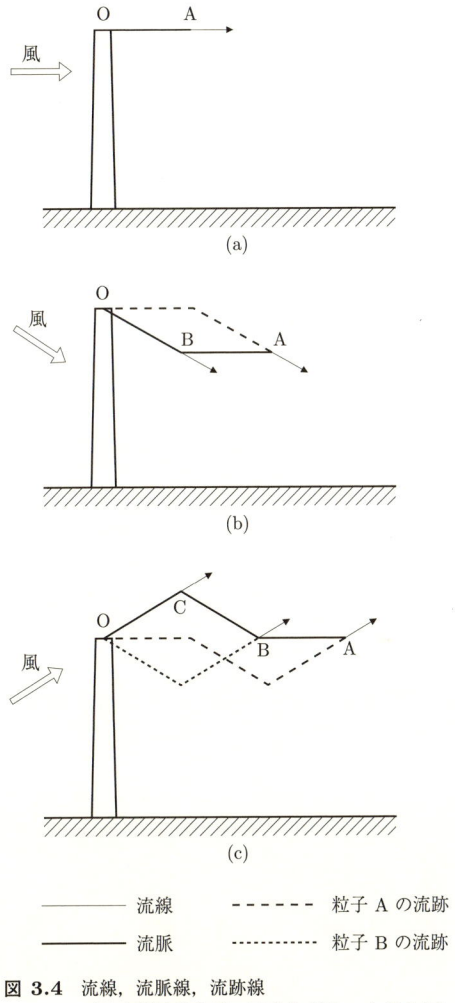

3.2 流線，流脈線および流跡線   43

(a)

(b)

(c)

——— 流線　　　 - - - - - 粒子 A の流跡
——— 流脈　　　 ……… 粒子 B の流跡

図 3.4 流線，流脈線，流跡線
　　　　（日本機械学会編，写真集 流れ，丸善より）

4　一次元流れ

> 管内の流れでは断面内の位置によって速度は異なるが，断面で平均した速度を考えると扱いが容易になる．圧力についても断面内の平均値をとると，管に沿ってとった座標軸上の点を指定すればその断面の流速と圧力が定まる．本章では，このような一次元流れに質量保存の法則およびエネルギー保存の法則を適用してそれぞれ連続の式，ベルヌーイの定理を導くとともに，その有用性について学ぶ．ベルヌーイの定理は，流れに伴うエネルギー損失が無視できるときに成り立つ関係であり，損失や外部との間にエネルギーの授受があるときのエネルギー式についても考える．なお本章では流れは定常であるとする．

4.1　連続の式

図 4.1 に示す管路において，任意の断面を通過する単位時間当たりの流体の体積を Q とすると，この Q を **体積流量** (volume flow rate) または単に **流量** (flow rate) という．このとき断面平均速度 V は，断面積を A とすると，次式により与えられる．

$$V = \frac{Q}{A} \tag{4.1}$$

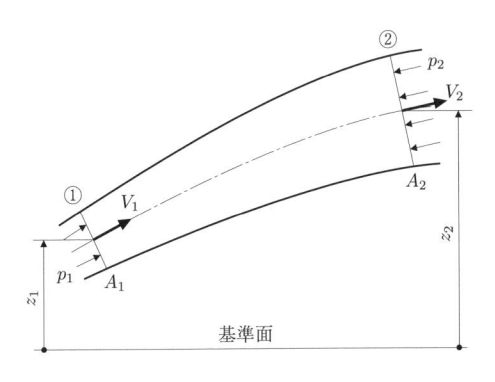

図 **4.1**　一次元流れ

断面を通過する流体の単位時間当たりの質量は，流体密度を ρ とすると ρQ で表され，**質量流量** (mass flow rate) と呼ばれる．図 4.1 において上流側の断面①と下流側の断面②に注目し，それぞれにおける物理量に添字 1, 2 を付けて区別する．質量保存の法則から，単位時間当たりの流体の質量は断面①と断面②だけでなく，どの断面でも同じ値をとるので

$$\rho_1 Q_1 = \rho_2 Q_2 = \rho Q = 一定 \tag{4.2}$$

圧縮性が無視できる場合には，$\rho_1 = \rho_2 = \rho = 一定$ であるから，式 (4.2) は

$$Q_1 = Q_2 = Q = 一定 \tag{4.3}$$

あるいは式 (4.1) を用いて

$$A_1 V_1 = A_2 V_2 = AV = Q = 一定 \tag{4.4}$$

と書くことができる．式 (4.2)〜(4.4) を**連続の式** (continuity equation) という．

4.2　ベルヌーイの定理

次にエネルギーの関係について考える．以下では，流れは定常であるだけでなく流体の圧縮性も無視できるものとする．流体がもつエネルギーは運動エネルギーと位置エネルギーであり，単位質量当たりで表示するとそれぞれ $(1/2)V^2, gz$ である．ここで z は基準面から測った高さであり，管内流を一次元流れとみなす場合には，断面の重心（図心）高さを表す．したがって図 4.1 において，単位時間当たりに断面①から流入するエネルギー E_1，および断面②から流出するエネルギー E_2 は次式で与えられる．

$$\left. \begin{array}{l} E_1 = \rho Q \left(\dfrac{1}{2} V_1^2 + g z_1 \right) \\[2mm] E_2 = \rho Q \left(\dfrac{1}{2} V_2^2 + g z_2 \right) \end{array} \right\} \tag{4.5}$$

4.2 ベルヌーイの定理

一方,断面①と断面②には圧力 p が作用しており,断面①,②間の流体に対し仕事をする.単位時間当たりの仕事 W を断面①と断面②について書くと

$$\left.\begin{array}{l} W_1 = p_1 A_1 V_1 = p_1 Q \\ W_2 = -p_2 A_2 V_2 = -p_2 Q \end{array}\right\} \quad (4.6)$$

エネルギー保存の法則から,流動に伴う流体のエネルギーの増加は圧力による力がなす仕事に等しいので

$$E_2 - E_1 = W_1 + W_2 \quad (4.7)$$

式 (4.5) および (4.6) を代入して整理すると

$$\frac{1}{2}V_1^2 + \frac{p_1}{\rho} + gz_1 = \frac{1}{2}V_2^2 + \frac{p_2}{\rho} + gz_2 \quad (4.8)$$

したがって

$$\frac{1}{2}V^2 + \frac{p}{\rho} + gz = 一定 \quad (4.9)$$

上式 (4.9) の左辺の各項は,いずれも流体単位質量当たりのエネルギーすなわち比エネルギーであり,左から順に運動エネルギー,圧力エネルギー[*1],位置エネルギーを表している.上式はまた,それらの総和が一定であることを示している.式 (4.9) の両辺を g で割ると

$$\underbrace{\frac{1}{2g}V^2}_{速度ヘッド} + \underbrace{\frac{p}{\rho g}}_{圧力ヘッド} + \underbrace{z}_{位置ヘッド} = 一定 \quad (4.10)$$

上式 (4.10) の左辺の各項は,流体単位重量当たりのエネルギーを表しており,左から順に**速度ヘッド** (velocity head),**圧力ヘッド** (pressure head),**位置ヘッド** (potential head) と呼ばれ,これらの総和を**全ヘッド** (total head) という.これらはいずれも長さの次元[*2]をもつ.

以上の式 (4.8)〜(4.10) を**ベルヌーイの定理** (Bernoulli's theorem) または**ベルヌーイの式** (Bernoulli's equation) といい,流体工学では応用範囲の広い重要な定理である.

[*1] p/ρ は運動エネルギーや位置エネルギーのように流体が保有するエネルギーではなく,流体の一断面に圧力が作用しながら流動するときに伝達されるエネルギーを表す.
[*2] 次元については,9.1 節に詳しく説明されている.

4.3　ベルヌーイの定理の応用

図 4.2 のように，容器に満たされた液体がその側壁に取り付けられたノズルから流出するときの速度を求めてみよう．ここで液面から測ったノズルの中心深さを H とし，周囲には大気圧 p_a が作用しているものとする．ベルヌーイの定理は，本来 1 本の流線上で成立する[*1]ものである．噴流中の流線は水面とつながっているので，この流線に沿ってベルヌーイの定理 (4.10) を適用すると

$$\frac{V_1^2}{2g} + \frac{p_a}{\rho g} + z_1 = \frac{V_2^2}{2g} + \frac{p_a}{\rho g} + z_2 \qquad (4.11)$$

容器の断面積 A_1 はノズルの出口面積 A_2 に比べて十分大きいものとすると，水面の降下速度 V_1 は無視できる．したがって，式 (4.11) から流出速度は

$$V_2 = \sqrt{2g(z_1 - z_2)} = \sqrt{2gH} \qquad (4.12)$$

で与えられる．この値は自由落下する物体の速度と同じであり，この関係は**トリチェリの定理** (Torricelli's theorem) として知られている．なお実際の流出速度は，摩擦損失のため式 (4.12) の値よりわずかに小さくなる．

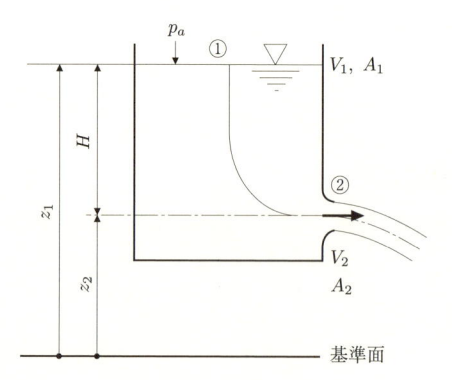

図 4.2　容器側壁のノズルから噴出する液体

[*1] 10.4 節に詳しい説明がある．

例題 4.1 図 4.3 に示すように円形断面の管路が水平に設置され，途中で直径が d_1 から d_2 まで滑らかに変化している．管内を流れる流体の流量を Q とするとき，断面①（直径 d_1）と断面②（直径 d_2）における平均流速を求めよ．またエネルギー損失は無視できるものとして，断面①における圧力 p_1 を用いて断面②の圧力 p_2 を表示せよ．

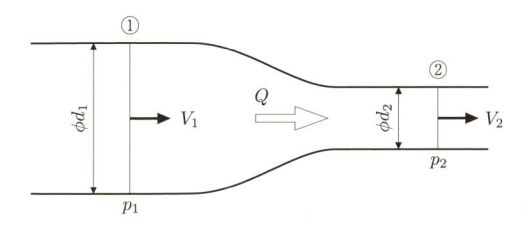

図 4.3 水平管内の流れ

（解） 連続の式 (4.4) から

$$V_1 = \frac{Q}{(\pi/4)d_1^2}, \quad V_2 = \frac{Q}{(\pi/4)d_2^2}$$

断面①と断面②の間にベルヌーイの定理を適用すると，式 (4.10) において $z = $ 一定であるから

$$\frac{1}{2g}V_1^2 + \frac{p_1}{\rho g} = \frac{1}{2g}V_2^2 + \frac{p_2}{\rho g}$$

変形して p_2 を求めると

$$p_2 = \frac{1}{2}\rho(V_1^2 - V_2^2) + p_1 \tag{4.13}$$

例題 4.2 川の流れの速度を測るために図 4.4 に示すように 90° に曲げた細い管を水中に設置した．その先端の直線部分は流れに平行で，水面からの深さは H_1 である．管内の水面が外部より h だけ上昇するものとして，流速を求めよ．

（解） 管の先端を通る流線上の 2 つの点 1 と 2 の間にベルヌーイの定理を適用する．管を水中に入れると管の近くでは流れが乱されるが，点 1 はその影響を受けない程度に管から遠く離れた位置に，点 2 は管の先端に選ぶ．この場合も $z = $ 一定であるから，ベルヌーイの定理より

$$\frac{1}{2g}V_1^2 + \frac{p_1}{\rho g} = \frac{1}{2g}V_2^2 + \frac{p_2}{\rho g}$$

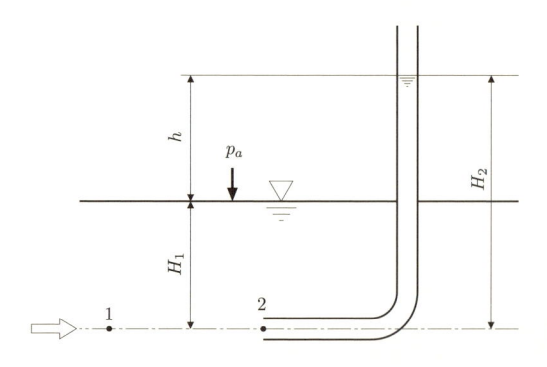

図 4.4 ピトー管の原理

管の先端では流れがせき止められるので $V_2 = 0$，また流体の高さと圧力の関係から $p_1 = \rho g H_1, p_2 = \rho g H_2$ である．これらを上式に代入して変形すると

$$V_1 = \sqrt{2g(H_2 - H_1)} = \sqrt{2gh} \tag{4.14}$$

以上は速度測定によく用いられるピトー管の測定原理である．なお流れをせき止めたとき生じる圧力

$$p_2 = p_1 + \frac{1}{2}\rho V_1^2$$

を**全圧** (total pressure)，流動中の流体の圧力 p_1 を**静圧** (static pressure)，全圧と静圧の差

$$p_2 - p_1 = \frac{1}{2}\rho V_1^2$$

を**動圧** (dynamic pressure) という．

4.4 損失および外部とのエネルギー授受があるときのエネルギー式

4.4.1 エネルギー損失がある場合

4.2 節および 4.3 節では，流動に伴うエネルギーの損失を考慮しなくてもよい場合を扱った．実際の流れでは，流体に粘性があるため流動エネルギーの一部が熱に変化するが，これは有効には利用できないので損失となる．この損失が無視できない場合，エネルギーの関係はどのようになるであろうか．

図 4.1 の断面①，②間において単位時間当たりに生じる損失エネルギーを ΔL とすると，式 (4.7) のエネルギーの関係は次のように書き換えられる．

$$E_2 - E_1 = W_1 + W_2 - \Delta L \tag{4.15}$$

単位時間当たりの流体の重量は $\rho g Q$ であるから

$$\Delta h = \frac{\Delta L}{\rho g Q} \tag{4.16}$$

は単位重量当たりの損失エネルギーを表し，**損失ヘッド** (loss head) と呼ばれる．したがって式 (4.5)，(4.6)，(4.15) および (4.16) から，エネルギー損失がある場合のエネルギーの関係は

$$\frac{1}{2g}V_1^2 + \frac{p_1}{\rho g} + z_1 = \frac{1}{2g}V_2^2 + \frac{p_2}{\rho g} + z_2 + \Delta h \tag{4.17}$$

流れに伴う損失はさまざまな要因で生じ，詳しくは第 6 章で説明する．

4.4.2 外部とのエネルギー授受がある場合

図 4.5 に示すように，断面①と②間に流体機械が取り付けられている場合を考えてみよう．流体機械には，ポンプや送風機などのように機械エネルギーを流体のエネルギーに変換するものと，その逆に水車のように流体のエネルギーを機械エネルギーに変換するものがある．このように外部から仕事をされる場合と外部に対し仕事をする場合があり，エネルギー式にはこれに関連する項がさらに加わる．いま，外部からなされる単位時間当たりの仕事を P_p とすると

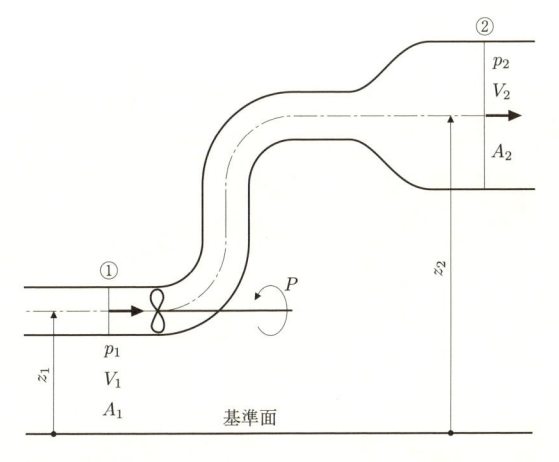

図 4.5 外部とのエネルギー授受のある流れ

式 (4.15) は

$$E_2 - E_1 = W_1 + W_2 - \Delta L + P_p \tag{4.18}$$

となるので，流体の単位重量当たりの仕事 $H_p = P_p/\rho g Q$ を用いて式 (4.17) は次のように書き換えられる．

$$\frac{1}{2g}V_1^2 + \frac{p_1}{\rho g} + z_1 + H_p = \frac{1}{2g}V_2^2 + \frac{p_2}{\rho g} + z_2 + \Delta h \tag{4.19}$$

また外部に対してなす仕事が P_t の場合，$H_t = P_t/\rho g Q$ とおくと，式 (4.18) および (4.19) に相当する式はそれぞれ次のようになる．

$$E_2 - E_1 = W_1 + W_2 - \Delta L - P_t \tag{4.20}$$

$$\frac{1}{2g}V_1^2 + \frac{p_1}{\rho g} + z_1 = \frac{1}{2g}V_2^2 + \frac{p_2}{\rho g} + z_2 + H_t + \Delta h \tag{4.21}$$

演習問題

4.1 水面から 1.20 m の水中を水平方向に 2.35 m/s で進行する物体がある（図 4.6）．物体の正面中央の点に生じる圧力を求めよ．

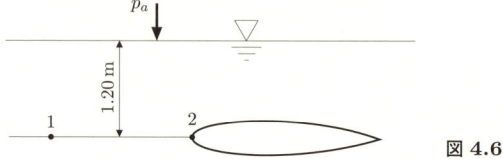

図 4.6

4.2 図 4.7 に示す装置を用いて，ダクト内を流れる空気の速度を測定する．マノメータにおけるアルコール柱の指示値が 12.0 mm のときの流速を求めよ．ここで，空気とアルコールの密度をそれぞれ $\rho = 1.25 \text{ kg/m}^3$, $\rho' = 795 \text{ kg/m}^3$ とする．

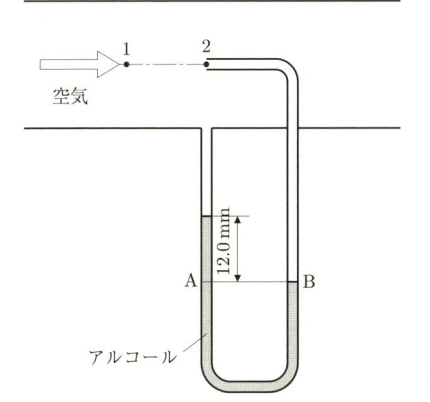

図 4.7

4.3 図 4.8 に示すノズルから水が大気中に噴き出している．ノズルの入口圧力が 875 kPa（ゲージ圧）のとき水の噴出速度を求めよ．ここでノズルにおけるエネルギー損失，ノズル上流の直管部の流速は無視できるものとする．

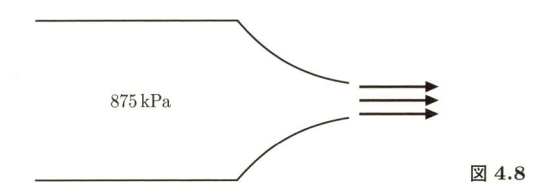

図 4.8

4.4 図 4.9 に示す水平管内を水が流れている．マノメータには比重が 13.6 の水銀が入っており，その指示値は 20.5 mm である．A，B 間のエネルギー損失は無視できるものとして管内を流れる水の流量を求めよ．

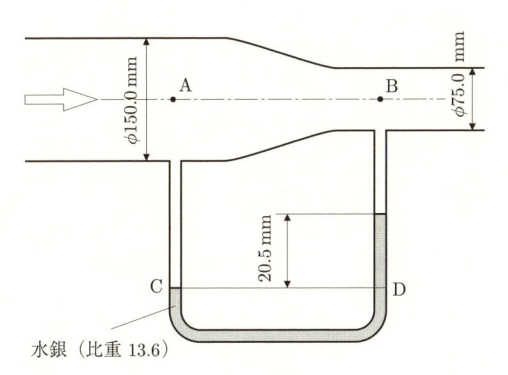

図 4.9

4.5 問題 4.4 と同形状の管内を鉛直上向きに水が流れている（図 4.10）．マノメータには比重が 13.6 の水銀が入っており，その指示値は問題 4.4 と等しく 20.5 mm である．損失は無視できるものとして管内を流れる水の流量を求めよ．

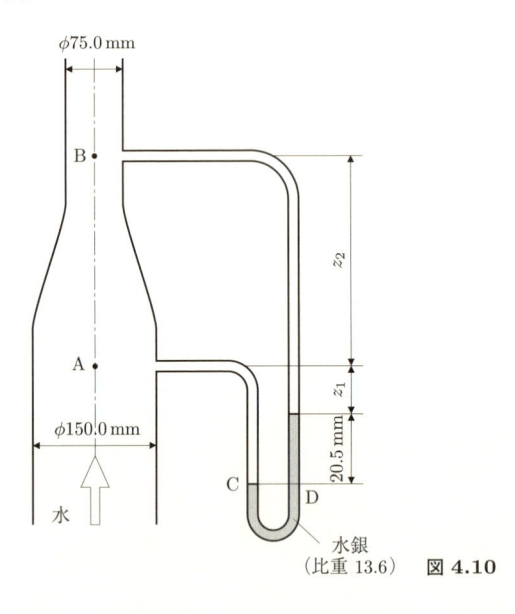

図 4.10

4.6 断面積が一様な水平管路において，図 4.11 に示すように A, B 間に熱交換器が組み込まれている．管内を流れる水の流量が $0.270\,\mathrm{m^3/min}$ のとき，比重 1.60 の液体を入れたマノメータの指示値は 750 mm である．A, B 間の損失ヘッドを求めよ．

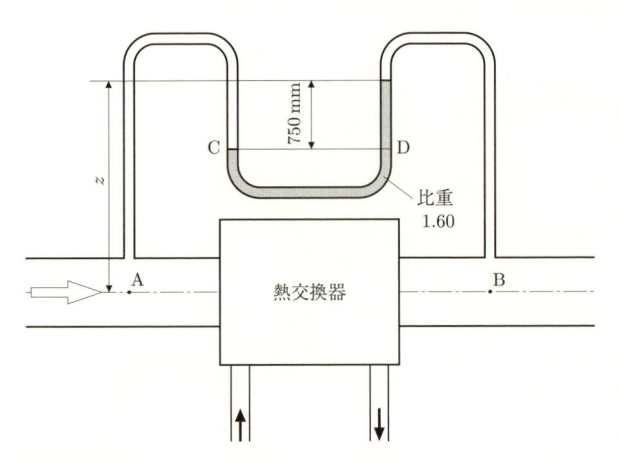

図 4.11

4.7 図 4.12 に示すように，ポンプを用いてタンク A からタンク B まで密度 $800\,\mathrm{kg/m^3}$ の油を輸送したい．吸込管と吐出し管の損失ヘッドをそれぞれ $1.20\,\mathrm{m}$，$5.50\,\mathrm{m}$ をとるとき，ポンプが単位重量の流体になす仕事（全揚程）を求めよ．ただしタンク A, B は十分に大きく，液位は一定とする．

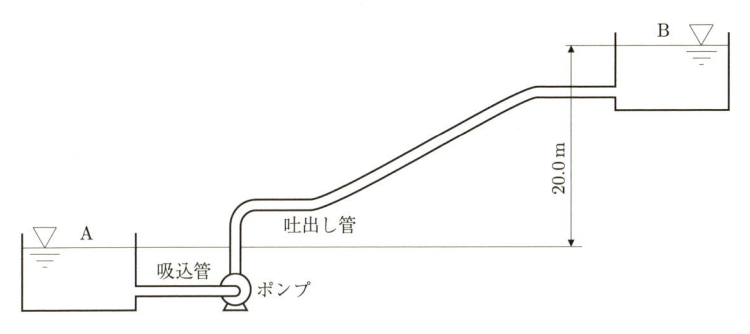

図 4.12

5 運動量の法則

本章では，有限の大きさの流体塊にニュートンの運動の第2法則を適用して得られる運動量法則について学ぶ．噴流が衝突する板，流体が流れる曲がり管，流れの中に置かれた物体などは流体から力を受ける．物体表面に作用する圧力と摩擦応力（せん断応力）がわかれば，これを積分することにより流体から受ける力を求めることができる．そのためには，流体の流動状態を調べて圧力や摩擦応力を知らなければならない．しかし運動量法則を利用すればその必要はなく，対象とする流体の運動量だけに注目すればよい．ジェットエンジンを搭載した航空機，ロケットなどでは高速の噴流を後方に噴射して推力を得ているが，運動量法則はこの推力を説明することもできる．旋回流に対しては角運動量法則を適用し，その理解を深めることにする．

5.1 運動量の法則

質量 m の質点に力 $\boldsymbol{F}$ が作用して速度 $\boldsymbol{V}$ で運動しているとき，力 $\boldsymbol{F}$ と運動量 $m\boldsymbol{V}$ の関係は，ニュートンの運動の第2法則により次式で与えられる．

$$\boldsymbol{F} = \frac{d}{dt}(m\boldsymbol{V}) \tag{5.1}$$

連続体である流体に上式 (5.1) を適用してみよう．このためにまず対象とする領域を取り囲むように流れの中に閉曲面を設定する．この曲面は**検査面** (control surface) と呼ばれ，計算に都合のよいように任意にとることができる．簡単のため流れは定常であるとし，図 5.1 に示すように時刻 $t=0$ において検査面 ABCD 内にあった流体が，微小時間 Δt 経過後，A′B′C′D′ に移動したとする．Δt 時間の前後で領域 A′B′CD における流体の運動量は変わらないが，領域 DCC′D′ 内の流体の運動量だけ増加し，領域 ABB′A′ 内の流体の運動量だけ減少する．この間に面 CD から $\rho_2 Q_2 \Delta t$ の質量が流出し，面 AB から $\rho_1 Q_1 \Delta t$ の質量が流入するので，領域 DCC′D′ および ABB′A′ に含まれる流体の運動

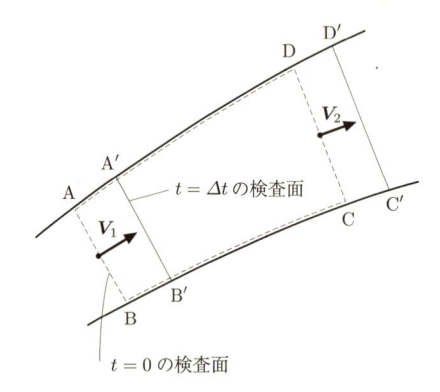

図 5.1 運動量の法則

量はそれぞれ $\rho_2 Q_2 \Delta t \cdot \boldsymbol{V}_2$, $\rho_1 Q_1 \Delta t \cdot \boldsymbol{V}_1$ となる．したがって，検査面内の流体の運動量の時間変化率は

$$\frac{\rho_2 Q_2 \Delta t \cdot \boldsymbol{V}_2 - \rho_1 Q_1 \Delta t \cdot \boldsymbol{V}_1}{\Delta t} = \rho_2 Q_2 \boldsymbol{V}_2 - \rho_1 Q_1 \boldsymbol{V}_1$$

と表される．式 (5.1) から，これは検査面内の流体に作用する力 $\boldsymbol{F}$ に等しいので

$$\boldsymbol{F} = \rho_2 Q_2 \boldsymbol{V}_2 - \rho_1 Q_1 \boldsymbol{V}_1 \tag{5.2}$$

が成立する．すなわち（検査面内の流体に作用する力）＝（単位時間に検査面から流出する運動量）－（単位時間に検査面に流入する運動量）である．

式 (5.2) において $\rho_1 Q_1 = \rho_2 Q_2 = \rho Q$ が成立する場合には

$$\boldsymbol{F} = \rho Q (\boldsymbol{V}_2 - \boldsymbol{V}_1) \tag{5.3}$$

このように検査面内の流体に対し式 (5.2) または式 (5.3) を適用すると，その運動量変化から流体に作用する力を知ることができる．したがってこの方法を用いれば，力の分布状態が不明であっても検査面や流れの中の物体に作用する力が容易に求められる．

5.2 運動量の法則の応用

5.2.1 曲がり管に作用する力

図 5.2 に示す 90° 曲がり管内を流体が流れているとき，重力は無視できるものとして管が流体から受ける力 F を求めてみよう．

図の破線のように検査面をとり，平均流速を V，管断面積を A，入口断面①および出口断面②における圧力をそれぞれ p_1, p_2 とする．曲がり管を通過することにより流れの方向が変化するので，流体の運動を流入方向 x と流出方向 y に分解して考える．まず x 方向に注目すると，検査面内の流体に作用する力は，流体が管に及ぼす力 F_x の反力 $-F_x$ と曲がり管の入口断面①に作用する圧力による力 $p_1 A$ である．一方，単位時間に検査面に流入する運動量は，流量が AV と表されることに注意すれば $\rho A V^2$ であり，流出する運動量は 0 である．したがって，式 (5.3) から次式が成立する．

$$-F_x + p_1 A = 0 - \rho A V^2 \tag{5.4}$$

次に検査面内の流体に作用する y 方向の力は，流体が曲がり管に及ぼす力 F_y の反力 $-F_y$ と出口断面②に作用する力 $-p_2 A$ である．また断面①からの運動量の流入はないが，断面②からは $\rho A V^2$ の運動量が流出するので，運動量の式は

$$-F_y - p_2 A = \rho A V^2 - 0 \tag{5.5}$$

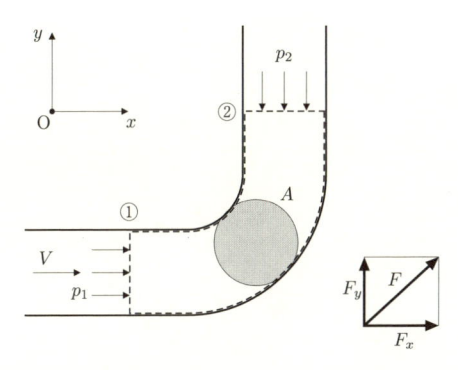

図 **5.2** 曲がり管

と書くことができる．したがって，式 (5.4) および (5.5) から F_x および F_y を求めると

$$\left.\begin{array}{l} F_x = p_1 A + \rho A V^2 \\ F_y = -(p_2 A + \rho A V^2) < 0 \end{array}\right\} \quad (5.6)$$

このように力の y 成分は負の値をとるので，力 F の向きは右下方となる．

5.2.2 容器から流出する噴流

容器の側壁に設けられたノズルから流体が噴出するとき，容器は噴流と逆向きの力を受ける．この力を求めてみよう．

図 5.3 に示すように，液面から深さ H の位置に取り付けられた直径 d のノズルから速度 V で液体が噴出している．容器の断面積はノズルの出口面積に比べ十分に大きく，液面の降下速度は無視できるものとする．図に示すように検査面をとり，$A = (\pi/4)d^2$ とすると，単位時間に検査面に流入する運動量は 0 であるが，検査面から流出する運動量は $\rho A V^2$ である．したがって検査面内の流体に作用する力を F' とすると，運動量の法則から次式が成り立つ．

$$F' = \rho A V^2 - 0 = \rho A V^2$$

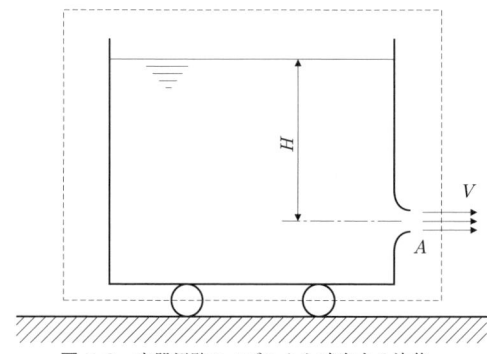

容器には，その反力 F が働くので

$$F = -F' = -\rho A V^2 \quad (5.7)$$

図 5.3 容器側壁のノズルから噴出する液体

すなわち容器には図の左向きに ρAV^2 の力が作用する．4.3節で説明したトリチェリの定理から噴流の流出速度は $V = \sqrt{2gH}$ で表されるので

$$F = -2A\rho g H \tag{5.8}$$

5.2.3 噴流の衝突により平板が受ける力

図5.4のように断面積が A，速度が V，密度が ρ の**噴流** (jet) がそれに垂直に置かれた平板に衝突するとき，平板が受ける反力を求めてみよう．平板は十分大きく，流体の粘性と重力は無視できるものとする．

図示するように円筒状の検査面をとり，平板が受ける力の噴流流入方向の成分を F とする．噴流のまわりには大気圧が作用しているが，これによる力は互いに打ち消し合い0となるので，検査面内の流体に働く力は平板から受ける反力 $-F$ だけである．また噴流方向に検査面に流入する単位時間当たりの運動量は ρAV^2 であるが，流出する運動量は0である．したがって，運動量の法則から

$$-F = 0 - \rho AV^2$$

ゆえに

$$F = \rho AV^2 \tag{5.9}$$

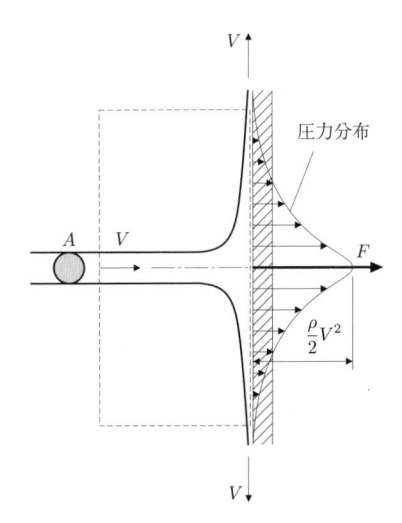

図 5.4 平板に垂直に衝突する噴流

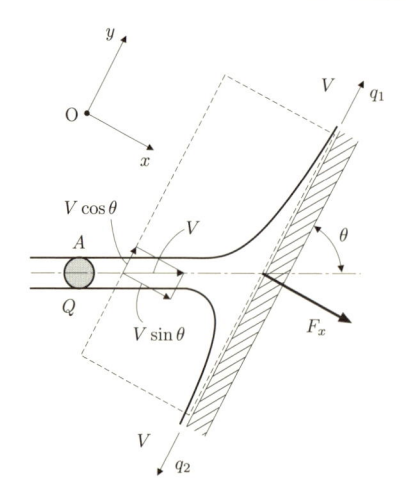

図 5.5 平板に斜めに衝突する噴流

流れの軸対称性から，板に沿った方向に力は働かない．

さて，噴流の衝突による平板上の圧力分布は図 5.4 のようになり，その最大値は噴流の動圧 $\rho V^2/2$ に等しく，中心から遠ざかるにつれて小さくなる．この圧力分布を積分することによっても力 F を求めることはできるが，上述の方法の方がはるかに容易であることはいうまでもない．

次に，図 5.5 のように噴流が平板に対し θ の角度をなす場合について考えてみよう．このときは板に垂直に x 軸を，平行に y 軸をとるとよい．図中の破線のように検査面をとると，この面内の流体に作用する力の x 成分は板からの反力 $-F_x$ だけである．一方，x 方向に検査面に流入する単位時間当たりの運動量は $\rho AV \cdot V \sin\theta$ であるが，流出する運動量は 0 であるから

$$-F_x = 0 - \rho AV^2 \sin\theta$$

したがって

$$F_x = \rho AV^2 \sin\theta \tag{5.10}$$

また，流体の粘性に基づく壁面摩擦力が無視できれば y 方向には力が作用しないので，$F_y = 0$ である．流量 $Q\ (= AV)$ の噴流が平板に衝突後，右上方に q_1，左下方に q_2 に分離して流れ去るものとすると，q_1 および q_2 を次のように求めることができる．y 方向には，単位時間に運動量 $\rho q_1 V - \rho q_2 V$ が検査面から流

出し，$\rho QV\cos\theta$ の運動量が検査面に流入するが，検査面内の流体には力が作用しない．したがって，運動量の法則から

$$\rho q_1 V - \rho q_2 V - \rho QV\cos\theta = 0$$

また，連続の式から

$$Q = q_1 + q_2$$

これら 2 式から q_1, q_2 を求めると

$$\left.\begin{array}{l} q_1 = \dfrac{Q}{2}(1+\cos\theta) \\ q_2 = \dfrac{Q}{2}(1-\cos\theta) \end{array}\right\} \quad (5.11)$$

例題 5.1 図 5.6 に示すように，断面積 A，流速 V の噴流が湾曲板に水平方向から流入し，角度 θ で流出するとき，板に作用する力 F を求めよ．

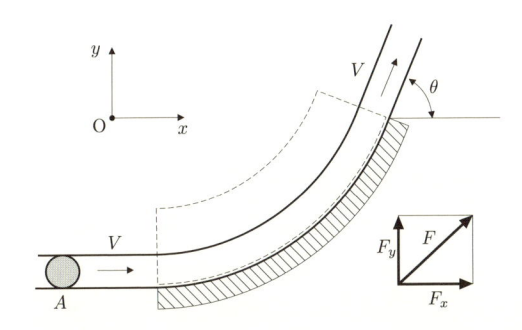

図 5.6 湾曲板に衝突する噴流

（解） 図のように検査面をとり，座標 x, y を定める．検査面内の流体に作用する力は，板に作用する力 F_x および F_y の反力 $-F_x, -F_y$ である．次に単位時間当たりの運動量について考えると，x 方向に ρAV^2 だけ流入し，$\rho AV^2 \cos\theta$ だけ流出する．y 方向については，検査面に流入する運動量は 0 であるが，流出する運動量は $\rho AV^2 \sin\theta$ である．以上から運動量の式は次のように書くことができる．

$$\left.\begin{array}{l} -F_x = \rho AV^2 \cos\theta - \rho AV^2 = -\rho AV^2 (1-\cos\theta) \\ -F_y = \rho AV^2 \sin\theta - 0 = \rho AV^2 \sin\theta \end{array}\right\} \quad (5.12)$$

したがって，力の成分 F_x および F_y は

$$\left. \begin{array}{l} F_x = \rho A V^2 (1 - \cos\theta) \\ F_y = -\rho A V^2 \sin\theta \end{array} \right\} \tag{5.13}$$

例題 5.2 図 5.6 の湾曲板が x の正の方向に一定速度 $u\ (<V)$ で動いているとき，板に働く力を求めよ．

（解） 検査面を湾曲板に固定して考えると，流れは定常とみなすことができる．このとき検査面に流入する流体の速度（x 成分）と流量はそれぞれ $V-u$, $A(V-u)$ となり，流出する流体の速度の x 成分と y 成分はそれぞれ $(V-u)\cos\theta$, $(V-u)\sin\theta$ となる．したがって式 (5.13) において，V の変わりに $V-u$ とおけば F_x および F_y が求められる．

$$\left. \begin{array}{l} F_x = \rho A (V-u)^2 (1 - \cos\theta) \\ F_y = -\rho A (V-u)^2 \sin\theta \end{array} \right\} \tag{5.14}$$

5.2.4 急拡大管の損失

図 5.7 のように断面積が A_1 から A_2 まで急拡大する管では，圧力が十分に回復せずエネルギー損失が生じる．この管の損失を求めてみよう．急拡大部直前の断面①および十分下流の断面②における速度と圧力をそれぞれ V_1, p_1 および V_2, p_2 とし，これらはいずれも断面内で一様であり，重力と壁面摩擦力は無視できるものとする．検査面として断面①，②および管内壁をとる．急拡大部直後の側面の圧力は断面①の圧力 p_1 と等しいと仮定すると，検査面内の流体には力 $(p_1 - p_2)A_2$ が作用する．単位時間に検査面に流入する運動量は $\rho A_1 V_1^2$ であるのに対し，流出する運動量は $\rho A_2 V_2^2$ である．したがって，運動量の法則から

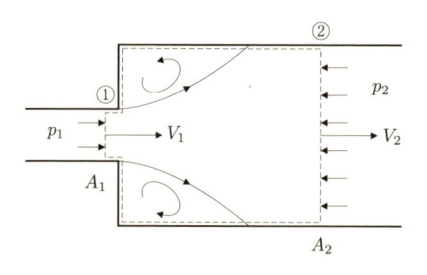

図 5.7 急拡大管

$$(p_1 - p_2)A_2 = \rho A_2 V_2^2 - \rho A_1 V_1^2 \tag{5.15}$$

また，連続の式から

$$A_1 V_1 = A_2 V_2 \tag{5.16}$$

一方，断面①，②間の損失ヘッドを Δh すると，エネルギーの関係は次式で表される．

$$\frac{V_1^2}{2g} + \frac{p_1}{\rho g} = \frac{V_2^2}{2g} + \frac{p_2}{\rho g} + \Delta h \tag{5.17}$$

式 (5.15)～(5.17) から Δh を求めると

$$\Delta h = \frac{1}{2g}(V_1 - V_2)^2 = \left(1 - \frac{A_1}{A_2}\right)^2 \frac{V_1^2}{2g} \tag{5.18}$$

上式は実験結果とよく一致することが確かめられている．

5.2.5　ジェットエンジンの推力

ジェットエンジンは前方から吸い込んだ空気により燃料を燃やし，その燃焼ガスを後方に吹き出して推力を得る．この推力を求めるために，図 5.8 の破線のようにエンジンに固定した検査面をとる．検査面に流入する空気のうちエンジンに吸い込まれないものは，そのまま検査面から流出し運動量に変化はない．したがってエンジンに吸い込まれる空気と，エンジンから噴出する燃焼ガスの運動量だけがエンジン推力に関係する．すなわち吸い込まれる空気の密度を ρ_1，速度（飛行速度）を V_1，流量を Q_1，燃焼ガスの密度を ρ_2，噴出速度を V_2，流量を Q_2 とすると，エンジン内の流体に作用する力は運動量の法則から

$$\rho_2 Q_2 V_2 - \rho_1 Q_1 V_1$$

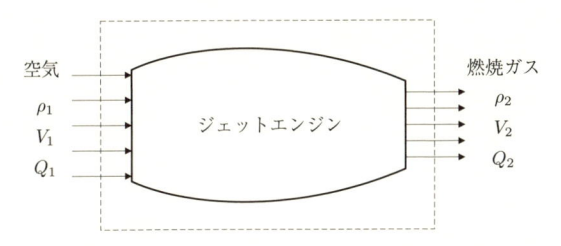

図 5.8　ジェットエンジン

である．この力は右向きであるが，エンジンにはその反作用として左向きの力（推力）F が作用し

$$F = \rho_2 Q_2 V_2 - \rho_1 Q_1 V_1 \tag{5.19}$$

なおロケットエンジンの場合は，自ら搭載する酸化剤で燃料を燃やすので，上式において $Q_1 = V_1 = 0$ となる．さらにロケットエンジンでは，噴出口における圧力 p_0 が外部大気の圧力 p_a より大きいので，噴流の断面積を A とすると推力 F に $(p_0 - p_a)A$ が加わる．したがって

$$F = \rho_2 Q_2 V_2 + (p_0 - p_a)A \tag{5.20}$$

大気圏外の p_a の小さいところでは，圧力による推力も無視できない．またジェットエンジンの場合と異なり，推力は飛行速度に関係しない．

5.3　角運動量の法則

　旋回する流れの場合，運動量を角運動量に，力をトルク（モーメント）に置き換えることにより角運動量の法則が得られる．

　質点の運動において，任意の軸に関する運動量のモーメントすなわち角運動量は質量，速度の接線成分および半径の積で表される．図 5.9 に示す検査面

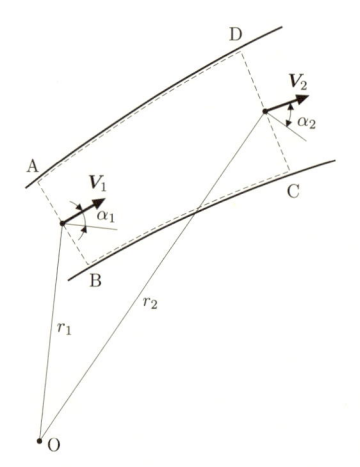

図 5.9　角運動量の法則

ABCD 内の流体にこれを適用してみよう．流れは定常で，流量 Q の非圧縮性流体が面 AB から速度 V_1 で流入し，面 CD から速度 V_2 で流出するものとする．また図に示すように速度 V_1, V_2 が接線方向となす角を α_1, α_2 し，半径を r_1, r_2 とする．このとき単位時間に面 AB から $\rho Q r_1 V_1 \cos\alpha_1$ の角運動量が流入し，面 CD から $\rho Q r_2 V_2 \cos\alpha_2$ の角運動量が流出する．したがって，検査面内の流体に作用するトルクを T とすると，角運動量の式は次のように書くことができる．

$$T = \rho Q r_2 V_2 \cos\alpha_2 - \rho Q r_1 V_1 \cos\alpha_1 = \rho Q (r_2 V_2 \cos\alpha_2 - r_1 V_1 \cos\alpha_1) \tag{5.21}$$

例題 5.3 図 5.10 に示す遠心ポンプの羽根車において，半径 r_1 の羽根車入口の周速度を u_1，羽根車に対する流体の相対速度（羽根車に固定した座標系から見た速度）を w_1 とする．流体の絶対速度（静止座標系から見た速度）c_1 は u_1 と w_1 をベクトル合成することにより定まり，この c_1 と u_1 のなす角度を α_1 とする．同様に半径 r_2 の羽根車出口における量には添字 2 を付けて u_2, w_2, c_2, α_2 と表す．流体の摩擦力を無視して，紙面垂直方向に単位幅の羽根車を回転させるのに必要なトルクを求めよ．

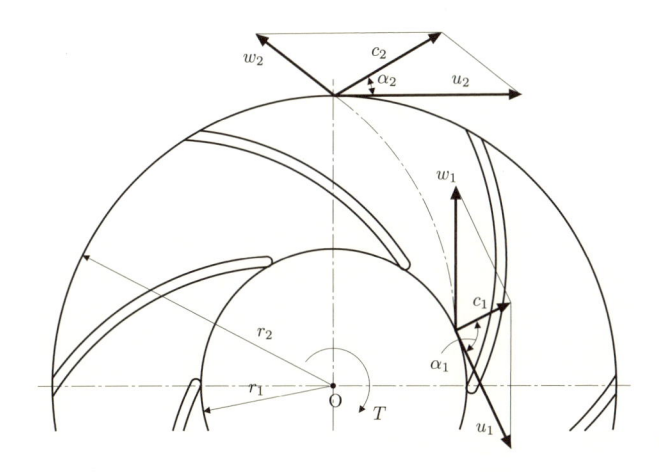

図 5.10 遠心羽根車

（**解**） 半径 r_1 と r_2 がつくる同心円筒を検査面にとり，紙面に垂直方向の単位幅について考える．検査面内の流体に作用するトルク T は，式 (5.21) から

$$T = \rho Q(r_2 c_2 \cos\alpha_2 - r_1 c_1 \cos\alpha_1) \tag{5.22}$$

一方,流量 Q は

$$Q = 2\pi r_1 c_1 \sin\alpha_1 = 2\pi r_2 c_2 \sin\alpha_2 \tag{5.23}$$

したがって

$$T = 2\pi\rho(r_2^2 c_2^2 \sin\alpha_2 \cos\alpha_2 - r_1^2 c_1^2 \sin\alpha_1 \cos\alpha_1) \tag{5.24}$$

となり,これは羽根車を回転させるのに必要なトルクに等しい.

演習問題

5.1 図 5.11 に示す円すい状物体に直径 55.0 mm,速度 4.55 m/s の水噴流が衝突するとき,水の摩擦力と重力は無視できるものとしてこの物体に作用する力を求めよ.

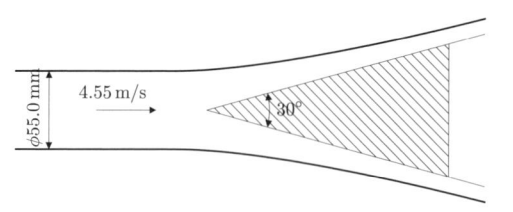

図 5.11

5.2 図 5.12 に示すように,水平に置かれた入口圧力 0.575 MPa(ゲージ圧)のノズルから大気中に噴出した水噴流がバケットに衝突する.ノズル入口の流速,水の摩擦力および重力は無視できるものとして,バケットに作用する力を求めよ.

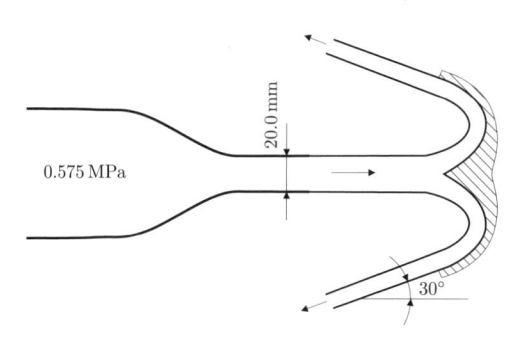

図 5.12

5.3 問題 5.2 において,バケットが噴流と同じ方向に 8.25 m/s で運動するとき,バ

ケットに作用する力を求めよ.

5.4 図 5.13 に示すスプリンクラーが,水平面内を一定速度で回転している.回転軸に働く摩擦力は無視できるものとして,回転速度を求めよ.ここで,スプリンクラーの中心に供給される水の流量を 0.113 L/s, ノズル直径を 5.50 mm とする.

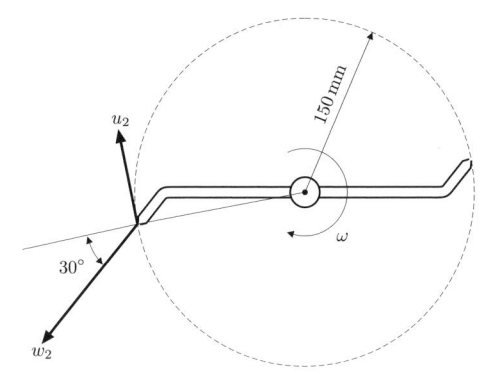

図 5.13

6 管内流

> 流体を輸送する管路では流体摩擦のほか，流速の大きさや方向の変化などによりエネルギー損失を生じる．損失は流れの状態と密接な関係があるので，本章ではまず層流と乱流におけるせん断応力と直管内の速度分布について考える．続いて実用上重要な損失を評価する式を直管だけでなくさまざまな形状の管路について学ぶ．なお本章では，最も多く用いられる円形断面の管路を中心に説明する．

6.1 層流と乱流

6.1.1 レイノルズ数

流れは**層流** (laminar flow)，**乱流** (turbulent flow) の2つの様式に大別できることを3章でも述べた．層流は流体が層をなして整然と流れる状態であるのに対し，乱流では流体の微小部分の速度の大きさと方向が不規則に激しく変動する[*1]．この様子を速度と時間の関係で示すと図 6.1 のようになる．

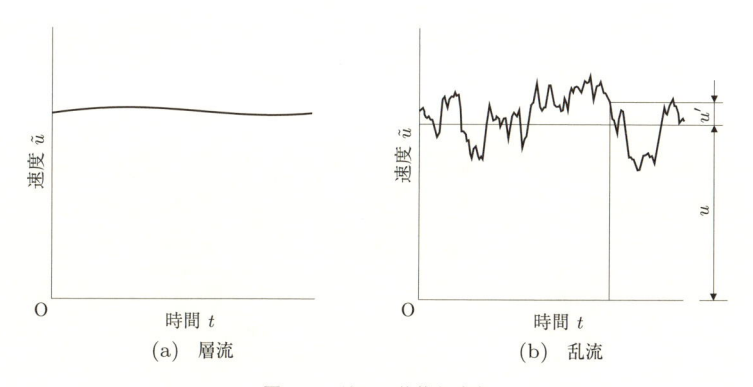

図 6.1 流れの状態と速度

[*1] 乱流にはさまざまな大きさの渦が含まれており，不規則とはいうものの秩序だった構造が存在する．

(a) 層流

(b) 乱流

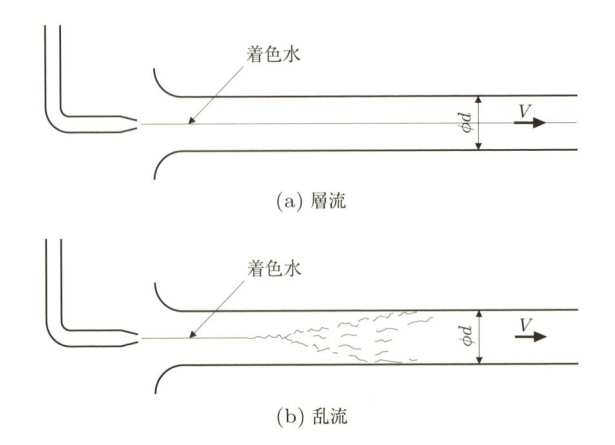

図 6.2 レイノルズの実験

　このことを初めて実験的に明らかにしたのは**レイノルズ**(Reynolds) である．レイノルズは，着色した水を管の入口から流すことによって流れの状態を観察した．流速がごく小さいとき着色した水は一本の線になってまっすぐ流れるが［図 6.2(a)］，流速を大きくすると着色した水は途中から管全体に広がりまわりの水と混合する［図 6.2(b)］ことを発見した．管の直径や流体の粘度を変えて種々の実験を行った結果，流れが層流，乱流のどちらの状態になるかは次の無次元数によって定まることを明らかにした．

$$Re = \frac{Vd}{\nu} \tag{6.1}$$

ここで V は断面平均速度，d は管の直径，ν は流体の動粘度であり，Re は初めてこの実験を行ったレイノルズにちなんで**レイノルズ数**(Reynolds number) と呼ばれる．流れが層流から乱流に遷移するときのレイノルズ数を臨界レイノルズ数というが，管入口の流れに含まれる乱れやわずかな水の動揺などの条件によって変化する．したがって流速が増加する方向に変化したときと，その逆に減少する方向に変化したときとでは臨界レイノルズ数が異なる．実際にはこのようなヒステリシス（履歴現象）を生じるが，通常は臨界レイノルズ数として約 2300 が用いられる．

　管内を流体が流れるとき圧力損失を生じる．まっすぐな管の場合その原因は流体摩擦であるが，損失の大きさは流れが層流か乱流かによって著しく異なる．

6.1 層流と乱流

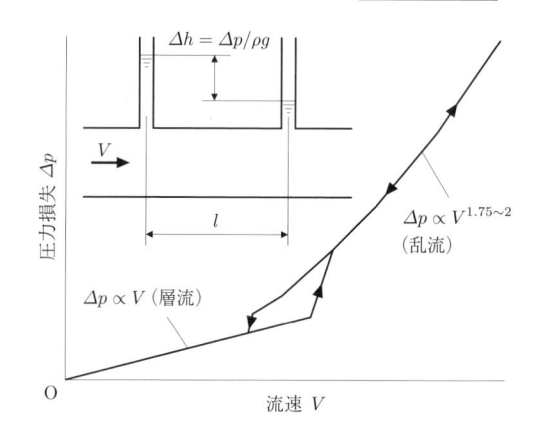

図 6.3 流速と圧力損失の関係

図 6.3 に示すように損失 Δp は，層流では断面平均速度 V に比例するが，乱流に遷移すると V の 1.75〜2 乗に比例して急激に増加する．

次にレイノルズ数は流体に作用する力の比を表すことについて考えてみよう．流体には慣性力，粘性力，圧力による力，重力などの力が働くが，このうち慣性力と粘性力に注目する．流れ場を代表する長さを L，代表する速度を U とすると（質量）$\propto \rho L^3$, （加速度）=（速度/時間）$\propto U/(L/U) = U^2/L$ であるから，（慣性力）=（質量）×（加速度）の関係を用いると

$$（慣性力）\propto \rho L^3 \times \frac{U^2}{L} = \rho U^2 L^2$$

一方，（粘性力）= $\mu \times$（速度勾配）×（面積）において（速度勾配）$\propto U/L$, （面積）$\propto L^2$ であるから

$$（粘性力）\propto \mu \times \frac{U}{L} \times L^2 = \mu U L$$

したがって，慣性力と粘性力の比は

$$\frac{（慣性力）}{（粘性力）} = \frac{\rho U^2 L^2}{\mu U L} = \frac{UL}{\mu/\rho} = \frac{UL}{\nu} \tag{6.2}$$

上式を式 (6.1) と比較してわかるように，式 (6.1) では代表速度として断面平均流速 V を，代表長さとして管の直径 d をとったことになり，式 (6.2) はレイノルズ数を示している．すなわちレイノルズ数は，流体に作用する慣性力と粘性

力の比を表し，代表長さと代表速度に何をとるかは流れ場によって異なる[*1]．

> **例題 6.1** 直径 10 mm の円管内を 20 ℃の流体が流れている．断面平均速度が 1.50 m/s のとき流れが層流になるか乱流になるかを，流体が水，空気の各場合について求めよ．

（解） 20 ℃の動粘度を表 1.1，表 1.2 から読み取ると，水は 1.004×10^{-6} m^2/s，空気は 1.515×10^{-5} m^2/s である．したがって，水の場合，次のように流れは乱流である．

$$Re = \frac{1.5 \times 0.01}{1.004 \times 10^{-6}} = 1.49 \times 10^4 > 2300$$

空気の場合は，次式より流れは層流である．

$$Re = \frac{1.5 \times 0.01}{1.515 \times 10^{-5}} = 990 < 2300$$

6.1.2　せん断応力

壁に沿った流れのように速度にこう配があると，流体には**せん断力** (shearing stress) が働く．図 6.4 において流体が x 方向に流れているとすると，層流の場合，単位面積当たりのせん断力すなわちせん断応力 τ は，1.3 節で述べたように速度こう配 du/dy に比例する．その式を再記すると

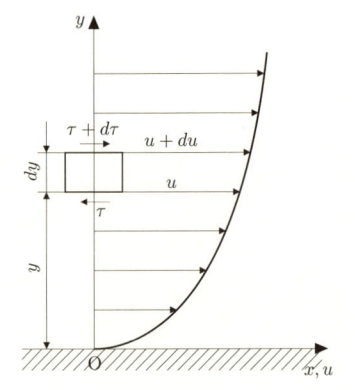

図 6.4　壁近傍の流れ

[*1] たとえば円柱まわりの流れでは，代表長さに円柱の直径を，代表速度に円柱に向かう一様流速をとる．

6.1 層流と乱流

$$\tau = \mu \frac{du}{dy} \tag{6.3}$$

一方, 乱流ではせん断応力の表示式は式 (6.3) と異なる. 乱流では速度が不規則に変動しているので, ある点における x 方向の瞬時速度 $\tilde{u}$ は図 6.1(b) に示すように時間平均速度 u と, それからのずれ (変動速度) u' の和で表される. y 方向については, 時間平均速度は 0 であるが層流と異なり変動速度 v' が存在する. すなわち

$$\left. \begin{array}{ll} x\text{方向}: & \tilde{u} = u + u' \\ y\text{方向}: & \tilde{v} = 0 + v' = v' \end{array} \right\} \tag{6.4}$$

変動速度 u' と v' は正, 負いずれの値もとるが時間平均すれば常に 0 となる. しかしその積の時間平均値 $\overline{u'v'}$ は, 負の値をとることが実験により確かめられている. また詳しいことは省略するが, 乱流では流体粒子が不規則に動き回る (渦粒子の運動量交換) ことによってもせん断応力を生じ, それは $-\rho\overline{u'v'}$ で表される. したがって, 乱流の場合のせん断応力は次式によって与えられる.

$$\tau = \mu \frac{du}{dy} + (-\rho\overline{u'v'}) \tag{6.5}$$

上式の右辺第 1 項は式 (6.3) と同じ粘性せん断応力であるが, 第 2 項は乱流に固有のせん断応力で**レイノルズ応力** (Reynolds stress) と呼ばれる.

レイノルズ応力を流れ場の変数の時間平均値で表示するさまざまなモデルがこれまでに提案されている. それらのうち簡単で比較的実験結果とよく合うモデルの 1 つが, **プラントル** (Prandtl) の導入した混合距離理論である. この理論によればレイノルズ応力 $-\rho\overline{u'v'}$ は, 混合距離 l を用いて速度こう配 du/dy と関係づけられ[*1]

$$-\rho\overline{u'v'} = \rho l^2 \left| \frac{du}{dy} \right| \frac{du}{dy} \tag{6.6}$$

と表される. この混合距離 l は, 壁の近くでは壁からの距離 y に比例することが実験によって明らかにされており

$$l = \kappa y \tag{6.7}$$

[*1] 乱流では速度が不規則に変動するので, 流体粒子の輸送距離は一定ではない. しかし平均的にはある距離 l だけ移動すると, まわりの流体と混合してそこの流体と同じ性質をもつようになると考えられる. この距離 l を混合距離という.

ここで比例定数 κ はカルマン定数と呼ばれ，その値は約 0.4 である．

6.2 十分に発達した管内の流れ

6.2.1 速度分布

A 層流

図 6.5 に示す半径 R（直径 d）の管内流において半径 r，長さ dx の流体の微小円筒部分に作用する力について考えてみよう．左右の円筒底面には圧力による力が，円筒側面には流体の粘性に基づくせん断力が作用するが，流れが定常であればこれらの力は釣り合う．まず圧力であるが，円筒の左側底面に作用する圧力を p とすると，dx だけ隔たった右側底面に作用する圧力は一般には $p + (\partial p/\partial x)\, dx$ と書ける．しかし流れが定常であれば p は x だけの関数であるから，$p + (\partial p/\partial x)\, dx = p + (dp/dx)\, dx = p + dp$ となる．したがって圧力による力は $\pi r^2 [p - (p+dp)] = -\pi r^2\, dp$ である．一方，円筒の側面積は $2\pi r\, dx$ であるから，せん断応力を τ とするとせん断力は $2\pi r\, dx \cdot \tau$ である．これら2つの力は釣り合っているので

$$-\pi r^2 dp = 2\pi r\, dx \cdot \tau$$

これから τ を求めると

$$\tau = -\frac{dp}{dx}\frac{r}{2} \tag{6.8}$$

なおこの式は，導出過程からも明らかなように流れが層流，乱流のいずれに対しても成立する．

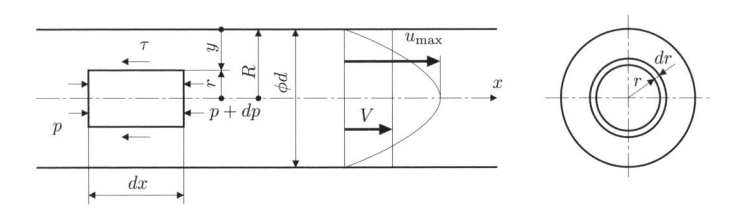

図 6.5 微小円筒に作用する力

壁から円筒側面までの距離をyとすると$r = R - y$であるから，層流に対するせん断応力の式(6.3)は

$$\tau = \mu \frac{du}{dy} = -\mu \frac{du}{dr} \tag{6.9}$$

式(6.8)に代入して変形すると

$$du = \frac{1}{2\mu}\frac{dp}{dx} r\, dr$$

両辺を積分して

$$u = \frac{1}{2\mu}\frac{dp}{dx}\int r\, dr = \frac{1}{4\mu}\frac{dp}{dx} r^2 + C$$

積分定数Cは，管壁$r = R$において$u = 0$が成立することから定めることができ

$$C = -\frac{1}{4\mu}\frac{dp}{dx} R^2$$

したがって，半径rにおける速度uは

$$u = -\frac{1}{4\mu}\frac{dp}{dx}(R^2 - r^2) \tag{6.10}$$

となり，rの2次関数で表される．すなわち速度分布は図6.5に示されるように，放物線（正確には回転放物面）であることがわかる．上式のdp/dxは下流方向への圧力こう配であるから，$dp/dx < 0$であることに注意を要する．

速度は管の中心$r = 0$において最大となり，その値を$u_{\max}$とすると

$$u_{\max} = -\frac{1}{4\mu}\frac{dp}{dx} R^2 \tag{6.11}$$

次に流量Qを求めてみる．半径がrと$r + dr$に囲まれた環状部分の面積は$2\pi r dr$であり，そこでの速度は式(6.10)で与えられるので，環状部分を通過する流体の流量は$2\pi r dr \cdot u$である．したがって，管を流れる流体の流量は

$$Q = \int_0^R 2\pi r\, dr \cdot u = -\frac{\pi}{2\mu}\frac{dp}{dx}\int_0^R (R^2 - r^2) r\, dr = -\frac{dp}{dx}\frac{\pi R^4}{8\mu} \tag{6.12}$$

長さがlの区間における圧力の降下量をΔpとすると，$-dp/dx = \Delta p/l$であるから上式は

$$Q = \frac{\pi R^4}{8\mu}\frac{\Delta p}{l} = \frac{\pi d^4}{128\mu}\frac{\Delta p}{l} \tag{6.13}$$

断面積を $A\ (=\pi R^2 = \pi d^4/4)$ とすると，断面平均流速 V は Q/A で表されるので

$$V = \frac{Q}{A} = \frac{R^2}{8\mu}\frac{\Delta p}{l} = \frac{d^2}{32\mu}\frac{\Delta p}{l} \tag{6.14}$$

これを書き直すと

$$\Delta p = \frac{8\mu l}{R^2}V = \frac{32\mu l}{d^2}V \tag{6.15}$$

このように層流では圧力降下量（圧力損失）Δp は，断面平均速度 V に比例する．以上の関係を**ハーゲン・ポアズイユの法則** (Hagen-Poiseuille law) という．なお $-dp/dx = \Delta p/l$ の関係に注意して，式 (6.11) と式 (6.14) を比較すると

$$V = \frac{1}{2}u_{\max} \tag{6.16}$$

すなわち，断面平均速度は最大速度の $1/2$ である．

B 乱 流

乱流の場合，せん断応力は粘性せん断応力とレイノルズ応力の和で表される．しかし壁のごく近くでは流体粒子は壁に拘束されて自由に運動できないので，レイノルズ応力は無視でき粘性せん断応力が支配的になる．この領域は**粘性底層** (viscous sublayer) と呼ばれる．粘性せん断応力 τ が壁面せん断応力 τ_0 に等しいと仮定すると

$$\tau_0 = \mu\frac{du}{dy} \tag{6.17}$$

速度 u は壁からの距離 y に比例するものとし，$\mu = \rho\nu$ の関係を用いると

$$\frac{\tau_0}{\rho} = \nu\frac{du}{dy} = \nu\frac{u}{y}$$

ここで $\sqrt{\tau_0/\rho} = u_*$ とおき変形すると，速度分布を与える式は

$$\frac{u}{u_*} = \frac{u_* y}{\nu} \tag{6.18}$$

上式の u_* は速度の次元をもち，**摩擦速度** (friction velocity) と呼ばれる．粘性底層の厚さはこの摩擦速度が大きいほど小さくなる．

上述の領域より壁から離れたところでは，レイノルズ応力の影響が強まって粘性応力を無視できる．この領域においても，壁の近くであればせん断応力は

図 6.6 円管内乱流の速度分布

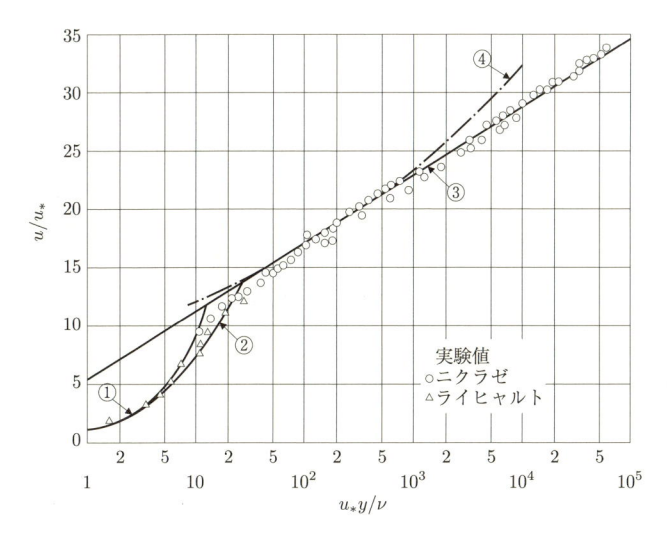

① 粘性底層　② 遷移領域　③ 対数法則　④ 1/7 乗法則

壁面せん断応力と等しいと仮定し，その大きさがプラントルの混合距離理論で与えられるとすると，式 (6.6) に $-\rho \overline{u'v'} = \tau_0$, $l = \kappa y$ を代入して変形し

$$\frac{du}{dy} = \frac{1}{\kappa}\sqrt{\frac{\tau_0}{\rho}}\frac{1}{y} \tag{6.19}$$

両辺を y で積分して

$$\frac{u}{u_*} = \frac{1}{\kappa}\ln y + C \tag{6.20}$$

式 (6.18) と式 (6.20) が接続できるように実験結果から定数を定めると，次式を得る．

$$\frac{u}{u_*} = 2.5\ln\frac{u_* y}{\nu} + 5.5 = 5.75\log\frac{u_* y}{\nu} + 5.5 \tag{6.21}$$

上式は**対数法則** (logarithmic law) と呼ばれ，図 6.6 に示すように $u_* y/\nu > 70$ の領域で実験結果とよく一致する．前述の式 (6.18) は $u_* y/\nu < 5$ で実験結果とよく合う．$70 > u_* y/\nu > 5$ の領域は遷移領域と呼ばれ，レイノルズ応力と粘性せん断応力の両方を考慮しなければならないので，式 (6.18), (6.21) のいずれも成立しない．

このほかに速度分布を与える式として，次の 1/7 乗法則（1/7-power law）

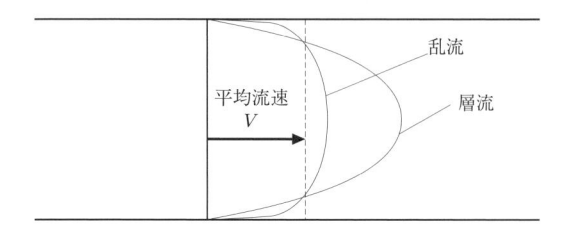

図 6.7 層流と乱流の速度分布

がある．

$$\frac{u}{u_{\max}} = \left(\frac{y}{R}\right)^{\frac{1}{7}} \tag{6.22}$$

この式は $Re = Vd/\nu < 10^5$ の流れに対して適用できる．しかし速度こう配 du/dy が管壁で無限大になり，また管の中心で 0 にならない点で実験結果と相違する．

図 6.7 に速度分布の形状を層流の場合と比較して示す．図では両者の平均速度が一致するように示してあり，平均速度と最大速度の比は層流の 0.5 に対し，乱流ではレイノルズ数によって異なり約 0.8～0.88 である．この図のように乱流では層流に比べ速度分布は管中心付近で平坦であり，管壁近くの速度こう配が大きい．

以上では管壁の表面の粗さについては触れなかった．層流の場合と異なり，乱流では管壁の凹凸の状態が速度分布に影響を及ぼし，圧力損失が増加する原因となる．その程度は突起の高さと粘性底層の厚さの大小によって異なり，突起の平均高さ k を用いたレイノルズ数 $u_* k/\nu$ により表される．

$u_* k/\nu < 5$　　：突起は粘性底層の中に埋もれた状態にあり，式 (6.21) が成立する．このとき「流体力学的に滑らか」という．

$5 < u_* k/\nu < 70$：突起の高さは粘性底層の厚さより大きく，速度分布に影響を与える（中間領域）．

$u_* k/\nu > 70$　　：突起の高さは粘性底層の厚さより大きく，混合距離理論が成立する．「流体力学的に完全に粗い」といい，速度分布は次式で与えられる．

$$\frac{u}{u_*} = 2.5 \ln \frac{y}{k} + 8.5 = 5.75 \log \frac{y}{k} + 8.5 \tag{6.23}$$

6.2.2 圧力損失

図 6.8 に示す直径 d の円管内を液体が流れているとする．圧力を測定するために管壁に小穴をあけそこに細い管を取り付ける．管内の圧力が周囲の圧力（大気圧）より高ければ細管内を液体は上昇するが，上流側の断面①よりも下流側の断面②の液面は低くなる．これは摩擦によるエネルギー損失のため，管に沿って流れの方向に圧力が低下するからである．断面①と断面②の圧力差 Δp と両断面での液面高さの差 Δh の間には，次の関係が成り立つ．

$$\Delta h = \frac{\Delta p}{\rho g} \tag{6.24}$$

上式の Δh を損失ヘッド，Δp を圧力損失といい，それぞれ長さおよび圧力の次元をもつ．

長さ l の区間で生じる損失ヘッド Δh は，**ダルシー・ワイスバッハ**（Darcy-Weisbach）**の式**と呼ばれる次式で表される．

$$\Delta h = \frac{\Delta p}{\rho g} = \lambda \frac{l}{d} \frac{V^2}{2g} \tag{6.25}$$

上式の λ を**管摩擦係数**（pipe friction coefficient）といい，無次元数で，一般にレイノルズ数と管壁の粗さの関数である．上述では，視覚的にわかりやすく説明するために流体は液体でかつ周囲より圧力が高いとして説明したが，流体が液体，気体のいずれであってもまた周囲圧力との大小に関係なく式 (6.25) は成立する．

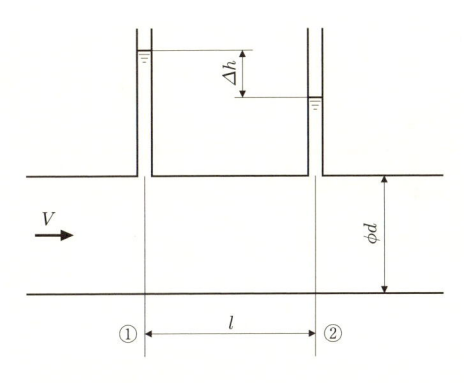

図 6.8 損失ヘッド

式 (6.8) から,壁面せん断応力は次式で与えられる.

$$\tau_0 = \left[-\frac{dp}{dx}\frac{r}{2}\right]_{r=R} = -\frac{dp}{dx}\frac{R}{2} = \frac{\Delta p}{l}\frac{R}{2} \tag{6.26}$$

一方,式 (6.25) を変形して

$$\frac{\Delta p}{l} = \lambda\frac{\rho}{2d}V^2 \tag{6.27}$$

式 (6.26) に代入すると,τ_0 と λ の間の次の関係式が得られる.

$$\tau_0 = \frac{1}{8}\lambda\rho V^2 \tag{6.28}$$

この式は層流,乱流いずれの流れに対しても成立する.

A 層流

層流に対して成り立つ式 (6.15) を変形すると

$$\frac{\Delta p}{\rho g} = \frac{64}{Vd(\rho/\mu)}\frac{l}{d}\frac{V^2}{2g} = \frac{64}{Re}\frac{l}{d}\frac{V^2}{2g} \tag{6.29}$$

上式と式 (6.25) を比較して

$$\lambda = \frac{64}{Re} \tag{6.30}$$

B 乱流(滑面)

層流の場合とは異なり,レイノルズ応力が作用するため管摩擦係数 λ を理論的に求めることはできない.$u_*k/\nu < 5$ の流体力学的に滑らかな管に対しては,次の実験式がある.

$$\lambda = 0.3164 Re^{-0.25} \qquad (3\times 10^3 < Re < 10^5) \tag{6.31}$$

$$\lambda = 0.0032 + 0.221 Re^{-0.237} \quad (Re > 10^5) \tag{6.32}$$

式 (6.31) を**ブラジウス (Blasius) の式**,式 (6.32) を**ニクラゼ (Nikuradse) の式**という.また速度分布の対数法則から導かれる半理論式としては

$$\frac{1}{\sqrt{\lambda}} = 2.0\log\frac{Re}{\sqrt{\lambda}} - 0.8 \quad (3\times 10^3 < Re < 3\times 10^6) \tag{6.33}$$

この式はカルマン・ニクラゼの式と呼ばれ,広範囲のレイノルズ数に対して実験値とよく一致するが,式の両辺に λ が含まれているので計算は容易でない.

6.2 十分に発達した管内の流れ

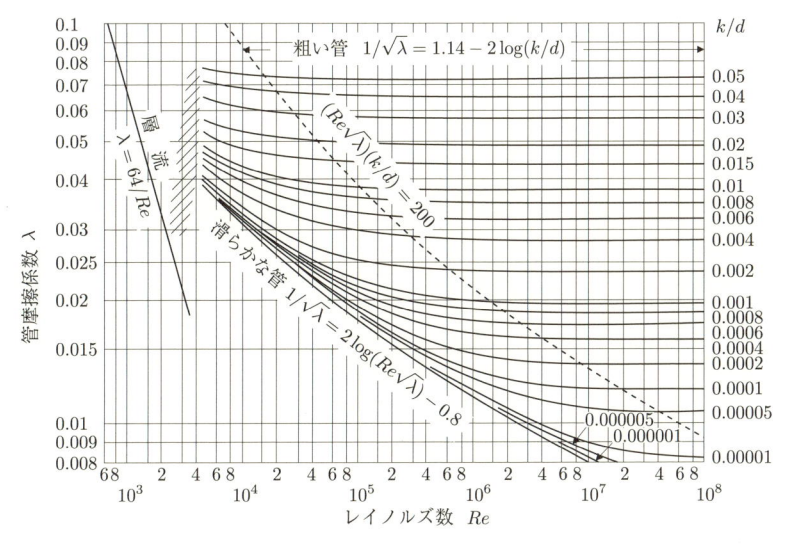

図 6.9 ムーディ線図
（日本機械学会編，機械工学便覧 A5 流体工学，日本機械学会より）

C 乱流（粗面）

$5 < u_*k/\nu < 70$ の遷移層では，管摩擦係数 λ はレイノルズ数 Re と相対粗さ k/d の両方の影響を受ける．

$u_*k/\nu > 70$ の流体力学的に完全に粗い状態では，λ は相対粗さだけの関数となりレイノルズ数の変化に対して一定値をとるようになる．図 6.9 に示す**ムーディ線図** (Moody diagram) は，k/d をパラメータにして Re と λ の関係をまとめたものである．図 6.10 は実際によく用いられる管の相対粗さを示す．この図から相対粗さを読み取り，図 6.9 を用いて管摩擦係数 λ を求めることができる．

例題 6.2 直径が 400 mm の管内を 0.550 m/s の流速で流体（動粘度：1.10×10^{-6} m^2/s）が流れている．管が粗面管（鋳鉄管）の場合と，滑らかな管（引抜き鋼管）の場合について管長 100 m 当たりの損失ヘッドを求めよ．

（解） 粗面管の場合：図 6.10 から相対粗度を求めると，$k/d = 0.0006$．レイノルズ数は $Re = 0.4 \times 0.55/(1.1 \times 10^{-6}) = 2.00 \times 10^5$ であるから，図 6.9 から λ を読

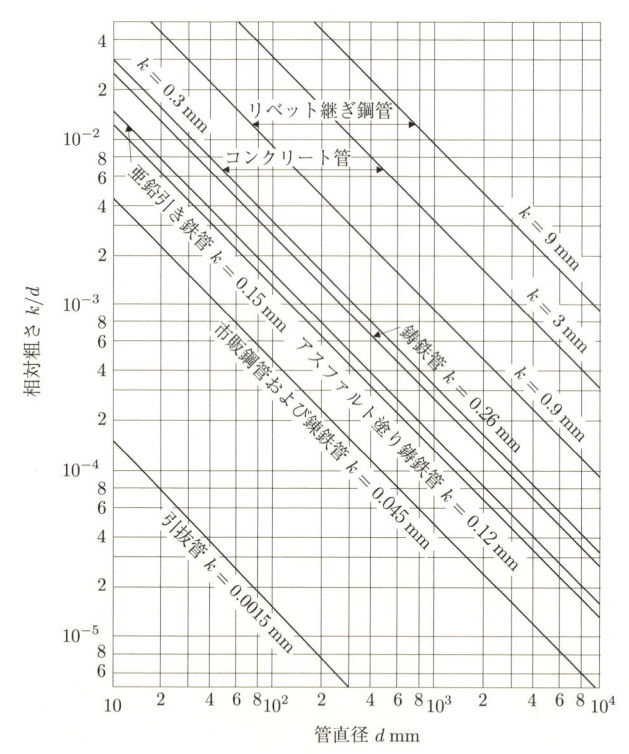

図 6.10 実用管の相対粗さ
(日本機械学会編, 機械工学便覧 A5 流体工学, 日本機械学会より)

み取ると, $\lambda = 0.019$. したがって損失ヘッドは, 式 (6.25) に数値を代入して

$$\Delta h = \lambda \frac{l}{d} \frac{V^2}{2g} = \frac{0.019 \times 100 \times 0.55^2}{0.4 \times 2 \times 9.81} = 0.073 \,\text{m}$$

滑らかな管の場合: 図 6.9 (ムーディ線図) またはニクラゼの式 (6.32) から $\lambda = 0.0032 + 0.221 Re^{-0.237} = 0.0154$. 式 (6.25) に数値を代入して, $\Delta h = 0.059\,\text{m}$.

6.3 円形以外の断面をもつ管の圧力損失

正方形, 長方形など円形以外の断面をもつ管路もしばしば用いられる. このような管路の損失ヘッドに対しては, 6.2 節で説明した円管の管摩擦係数を適用して近似値を求めることができる. その考え方を次に説明する.

(a) 長方形管
$A = ab$
$w = 2(a+b)$
$m = ab/2(a+b)$

(b) 正方形管
$A = a^2$
$w = 4a$
$m = a/4$

(c) 円管
$A = (\pi/4)d^2$
$w = \pi d$
$m = d/4$

図 6.11 流体平均深さ

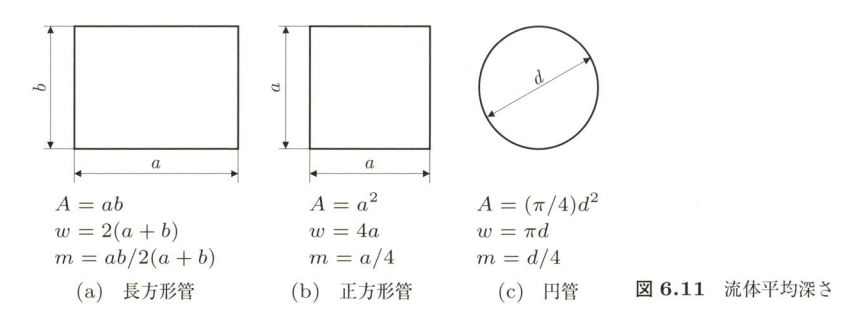

管の断面において，流れている流体と接する管壁の周辺の長さ（ぬれ縁の長さ）を w とするとき，管の断面積 A と w の比 m を流体平均深さという．

$$m = \frac{A}{w} \tag{6.34}$$

長方形管，正方形管，円管の流体平均深さ m を求めると図 6.11 のようになる．図 (c) に示されるように，円管の場合に直径 d は $4m$ と等しくなるので，円形以外の断面をもつ管についてはこの $4m$ を等価直径と考えて，式 (6.25) の代わりに次式を用いる．

$$\Delta h = \frac{\Delta p}{\rho g} = \lambda \frac{l}{4m} \frac{V^2}{2g} \tag{6.35}$$

ただし上式は，縦横比が著しく大きな長方形管路や層流に対しては適用できない．

6.4　各種管路の圧力損失

以上では断面積が一定のまっすぐな管路について考えてきた．実際にはこのようなものだけでなくさまざまな形状の管路が用いられ，途中で断面積あるいは流れの方向が変化することも多い．このため摩擦損失以外の損失が発生する．このような管路における損失ヘッドは次式で表される．

$$\Delta h = \varsigma \frac{V^2}{2g} \tag{6.36}$$

上式の ς を**損失係数** (loss coefficient) といい，一般にはレイノルズ数の関数になる．

図 6.12 急拡大管

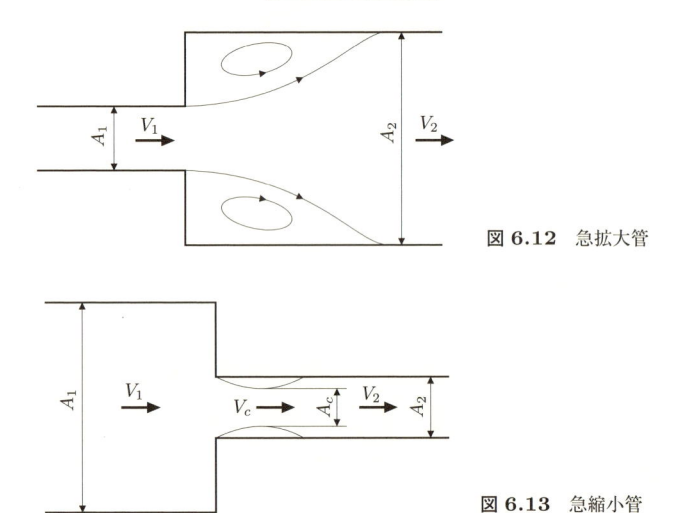

図 6.13 急縮小管

6.4.1 急拡大管および急縮小管

図 6.12 に示す急拡大管の損失ヘッドは，5.2 節ですでに述べた．式 (5.18) を再記すると

$$\Delta h = \frac{1}{2g}(V_1 - V_2)^2 = \left(1 - \frac{A_1}{A_2}\right)^2 \frac{V_1^2}{2g} \qquad (6.37)$$

であるから，損失係数は次式で与えられる．

$$\varsigma = \left(1 - \frac{A_1}{A_2}\right)^2 \qquad (6.38)$$

図 6.12 とは逆に $A_1 > A_2$ となる急縮小管（図 6.13）では，入口で流れがはく離して流体の有効断面積が A_c まで縮小し，その後再び管の断面積 A_2 まで広がる．この現象を縮流と呼ぶ．この場合流れの断面積が減少し，流速が加速される範囲では流動損失はほとんど発生しないが，面積が A_c から A_2 まで広がる領域で損失が生じる．面積が A_c の部分での速度を V_c とすると，急拡大管の結果をそのまま適用して

$$\Delta h = \frac{1}{2g}(V_c - V_2)^2 = \left(1 - \frac{A_2}{A_c}\right)^2 \frac{V_2^2}{2g} \qquad (6.39)$$

ここで収縮係数 C_c を $C_c = A_c/A_2$ と定義すると，損失係数[*1]は

$$\varsigma = \left(1 - \frac{A_2}{A_c}\right)^2 = \left(1 - \frac{1}{C_c}\right)^2 \tag{6.40}$$

6.4.2 広がり管および細まり管

急拡大管のように面積を不連続に広げると大きな損失を生じる．したがって損失を小さく抑えるためには，図 6.14 に示す広がり管のように面積を緩やかに拡大すればよい．この管路の圧力損失は，急拡大管との類似性から $(V_1 - V_2)^2$ に比例すると考え，次式で表す．

$$\Delta h = \xi \frac{1}{2g}(V_1 - V_2)^2 = \xi \left(1 - \frac{A_1}{A_2}\right)^2 \frac{V_1^2}{2g} \tag{6.41}$$

したがって，損失係数 ς は

$$\varsigma = \xi \left(1 - \frac{A_1}{A_2}\right)^2 \tag{6.42}$$

上式の ξ は広がり角 θ が約 $5.5°$ のとき最小値 0.135 をとる．広がり角 θ がこれより大きくなると流れは壁からはがれ（はく離），$15°$ を超えると ξ は急激に大きくなる．

流れの方向に断面積が増大する流路は一般に**ディフューザ** (diffuser) と呼ばれ，遠心ポンプおよび遠心圧縮機の羽根車出口あるいは水車出口の吸出し管などに用いられる．そこでは流体の運動エネルギーをいかに効率よく圧力回復できるかが重要になる．

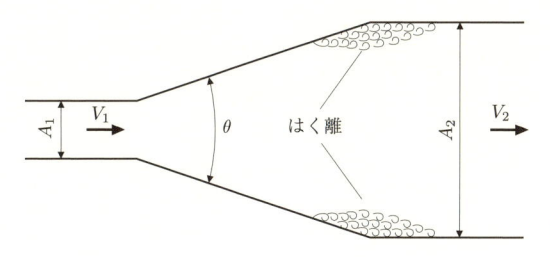

図 6.14 広がり管

[*1] 管路の入口と出口で速度が異なる場合，大きい方の速度を基準にとる．

図 6.14 とは逆に，流れの方向に断面積が緩やかに減少する場合，流体は壁に沿って流れ摩擦損失だけが生じるので損失係数は小さい．

$$\Delta h = \varsigma \frac{V_2^2}{2g} \tag{6.43}$$

6.4.3 管の入口および出口

管には必ず入口と出口があり，そこでは速度変化に基づく損失が生じる．まず入口に大きな丸みがついた管内の流れを図 6.15 に従って考えてみよう．管の入口直後では速度分布はほぼ一様であるが，下流に進むにつれ流体の粘性の影響を受けて壁近くの速度が低下し，その領域は管の中心に向かって次第に広がる．この粘性の影響のため速度が低下する領域を**境界層** (boundary layer) と呼び，ある長さ L を超えると管内は全域が境界層となる．この間，粘性の影響を受けない領域の速度は増大を続け，流れが層流であれば速度分布の形状はついに放物線になる．流れが乱流であれば速度分布の形はこれとは異なるが，層流，乱流いずれの場合も，さらに下流に進んでも速度分布の形は変わらない．この領域の流れを「十分に発達した流れ」といい，6.2 節ではこの流れを対象に考えた．十分に発達した流れに達するまでの領域を助走区間という．

助走区間で生じる損失ヘッド ΔH は式 (6.25) から求まる摩擦損失より大きくなり，助走距離を L とすると

$$\Delta H = \lambda \frac{L}{d} \frac{V^2}{2g} + \Delta h = \lambda \frac{L}{d} \frac{V^2}{2g} + \varsigma \frac{V^2}{2g} \tag{6.44}$$

と表すことができる．右辺第 2 項が入口損失である．図 6.15 の管入口は大きな

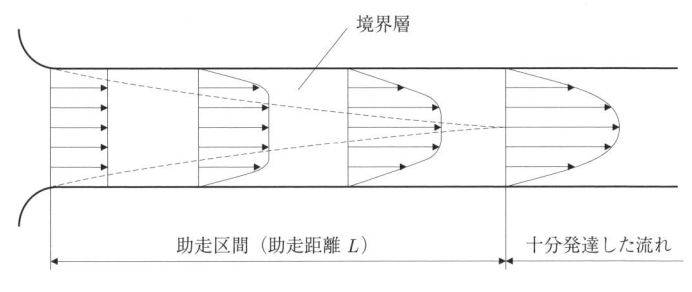

図 6.15 管入口の流れ

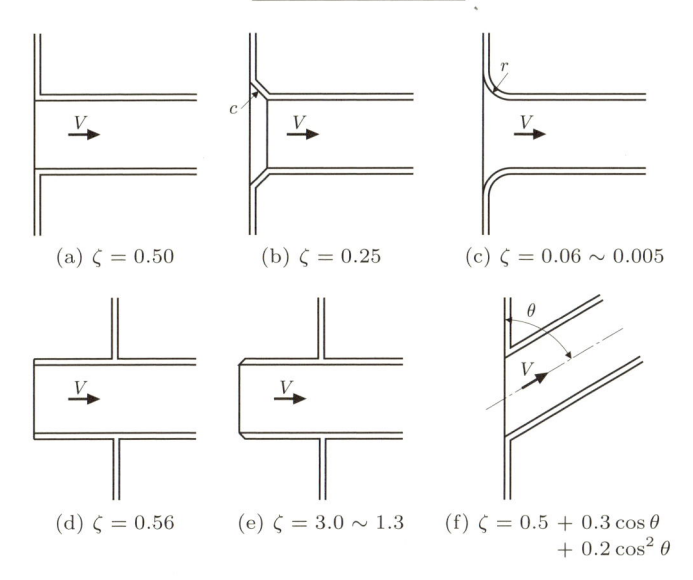

(a) $\zeta = 0.50$　　(b) $\zeta = 0.25$　　(c) $\zeta = 0.06 \sim 0.005$

(d) $\zeta = 0.56$　　(e) $\zeta = 3.0 \sim 1.3$　　(f) $\zeta = 0.5 + 0.3\cos\theta + 0.2\cos^2\theta$

図 **6.16**　入口損失

丸みがついているが，この部分の形状により損失係数ζの値は異なる．図 6.16 に，種々の入口形状に対しζの値を示す．

管の出口では，通常，運動エネルギー$V^2/2g$は利用されることがなく，すべて損失となるので

$$\Delta h = \frac{V^2}{2g} \tag{6.45}$$

したがって$\zeta = 1$である．

6.4.4　曲がり管

曲がり管にはベンド［図6.17(a)］とエルボ［図6.17(b)］があるが，いずれも直管に比べ大きな損失を生じる．その原因はベンドとエルボで同様であるから，ベンドについて管内の流れを説明する．断面 AB に注目すると，管内を流れる流体に作用する遠心力のため圧力は曲がりの外側で高く，内側で低くなり，この圧力差は遠心力と釣り合う．しかし管の中心では流速が大きいので遠心力も大きく，管壁の近くでは流速が小さいので遠心力も小さい．このため図6.16(a)の右上に示すように，中心付近の流体は外側に向かって移動し，一対

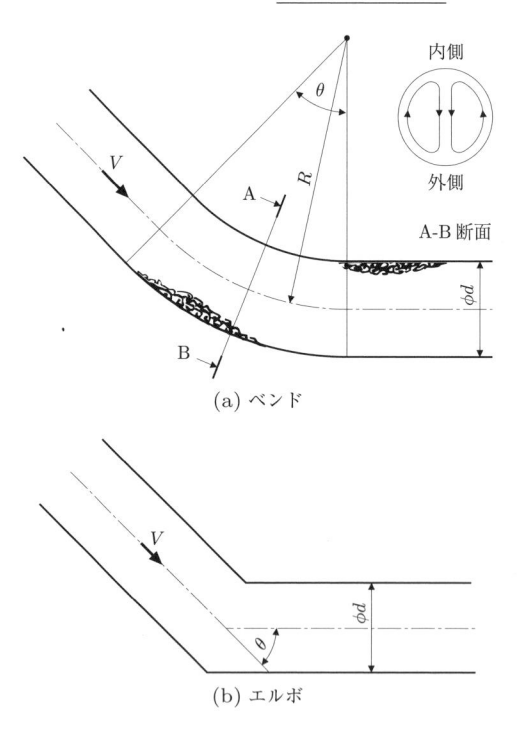

図 6.17 曲がり管

の循環流が発生する．このような流れを**二次流れ** (secondary flow) といい，この流れのために摩擦損失は直管に比べ増加する．また曲がりが急激になると，曲がりの外側と内側で流れがはく離しやすくなる．はく離を生じると，損失はさらに増大する．

ベンドの損失係数は，次の実験式で与えられる．

$$\left.\begin{array}{l}\varsigma = 0.00515\alpha\theta Re^{-0.2}\left(\dfrac{R}{d}\right)^{0.9} \quad [Re(d/R)^2 < 364]\\[2mm] = 0.00431\alpha\theta Re^{-0.17}\left(\dfrac{R}{d}\right)^{0.84} \quad [Re(d/R)^2 > 364]\end{array}\right\} \quad (6.46)$$

ここで α は

$$\left.\begin{aligned}
\alpha &= 1 + 5.13(R/d)^{-1.47} & (\theta &= 45°)\\
&= 0.95 + 4.42(R/d)^{-1.96} & (\theta &= 90°,\ R/d < 9.85)\\
&= 1 & (\theta &= 90°,\ R/d > 9.85)\\
&= 1 + 5.06(R/d)^{-4.52} & (\theta &= 180°)
\end{aligned}\right\} \quad (6.47)$$

である．

またエルボの損失係数に関しては，次の実験式がある．

$$\varsigma = 0.946 \sin^2\left(\frac{\theta}{2}\right) + 2.05 \sin^4\left(\frac{\theta}{2}\right) \quad (6.48)$$

6.4.5 その他の管路要素

管路の途中には，流量調整の目的でさまざまな**弁** (valve) やコックが用いられる．これらでは断面積が変化するために大きな損失を生じ，損失係数は弁の形状，開度およびレイノルズ数によって異なった値をとる．

流量を測定するためにオリフィス，ノズル，ベンチュリ管がよく用いられる．構造および測定原理については第8章で説明する．これらの絞り流量計は断面積の縮小と拡大を伴うために損失を生じ，その値はオリフィス，ノズル，ベンチュリ管の順に大きい．しかし製造コストは一般にこの順に安くなる．損失ヘッドは次の実験式で与えられる．

$$\text{オリフィス：} \quad \Delta h = (0.985 - 1.02m)H \quad (m = 0.1 \sim 0.65) \quad (6.49)$$

$$\text{ノズル：} \quad = \frac{1-m}{1 + 0.9m + m^2}H \quad (m = 0.1 \sim 0.65) \quad (6.50)$$

$$\text{ベンチュリ管：} \quad = (0.18 - 0.2m)H \quad (m = 0.1 \sim 0.5) \quad (6.51)$$

ここで H は流量計の指示ヘッド，m は開口面積比である．

実際の管路では，1つの管路が途中で2つに分岐（図6.18）したり，2つの管路が1つに合流する（図6.19）ことがよくある．流れの分岐あるいは合流に伴って速度の大きさと方向が変化するなどのために損失が生じるが，どの部分に注目した損失であるかの定義に注意しなければならない．

図6.18の分岐管において，流れは管①から管②と管③に分かれるものとする．管①と管②の間に生じる損失に添字12を，管①と管③に対しては添字13

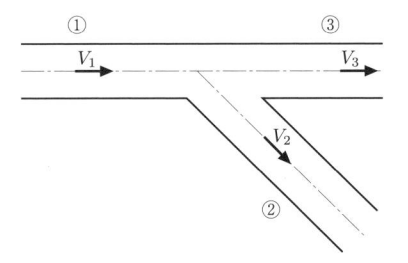

図 6.18 分岐管

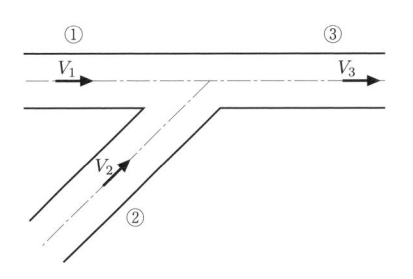

図 6.19 合流管

を付けて表すと，損失ヘッドは最も大きな速度 V_1 を基準にとり，次のようになる．

$$\left.\begin{array}{l} \Delta h_{12} = \varsigma_{12} \dfrac{V_1^2}{2g} \\[2mm] \Delta h_{13} = \varsigma_{13} \dfrac{V_1^2}{2g} \end{array}\right\} \quad (6.52)$$

図 6.19 に示す合流管では，管①と管②の流れが管③に合流する．上述と同様な添字の付け方をすると，管①と管③の間および管②と管③の間に生じる損失は，最も大きな速度 V_3 を基準にとって，それぞれ次のように表される．

$$\left.\begin{array}{l} \Delta h_{13} = \varsigma_{13} \dfrac{V_3^2}{2g} \\[2mm] \Delta h_{23} = \varsigma_{23} \dfrac{V_3^2}{2g} \end{array}\right\} \quad (6.53)$$

6.5 管路の総損失および動力

実用の管路では，上述のさまざまな管路要素が組み合わされて使用される．

6.5 管路の総損失および動力

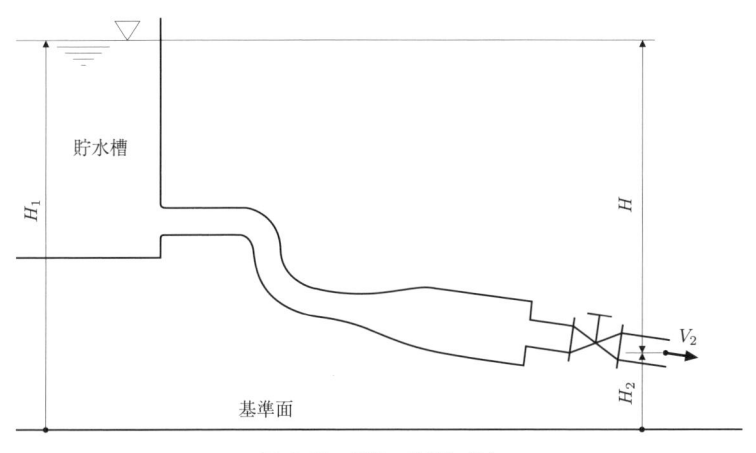

図 6.20 管路の総損失 (1)

図 6.20 に示すように,大きな貯水槽の側壁に取り付けられた管路を経て外部に水が流出する場合を考えてみよう.基準面から測った貯水槽水面の高さを H_1,管出口の高さを H_2,$H = H_1 - H_2$,水の流出速度を V_2 とする.圧力をゲージ圧で表すと,全ヘッドは水槽水面では H_1,管出口では $H_2 + V_2^2/2g$ であり,その差は管路における損失ヘッドの総和 ΔH に等しいので

$$H_1 - \left(H_2 + \frac{V_2^2}{2g}\right) = \Delta H \tag{6.54}$$

V_2 について解くと

$$V_2 = \sqrt{2g(H_1 - H_2 - \Delta H)} = \sqrt{2g(H - \Delta H)} \tag{6.55}$$

この式を前述の式 (4.12) と比較すると,流出速度は損失 ΔH のため式 (4.12) の場合より小さくなることがわかる.

各管路要素の損失ヘッドは $\lambda(l/d)(V^2/2g)$ または $\varsigma(V^2/2g)$ のいずれかの形で表され,これらの式における λ, ς, V などの値が管路要素によって異なる.したがって式 (6.55) における総損失 ΔH は,次式で表すことができる.

$$\Delta H = \sum_i \lambda_i \frac{l_i}{d_i} \frac{V_i^2}{2g} + \sum_i \varsigma_i \frac{V_i^2}{2g} \tag{6.56}$$

次に図 6.21 に示すように,ポンプによって水が輸送される場合を考えてみ

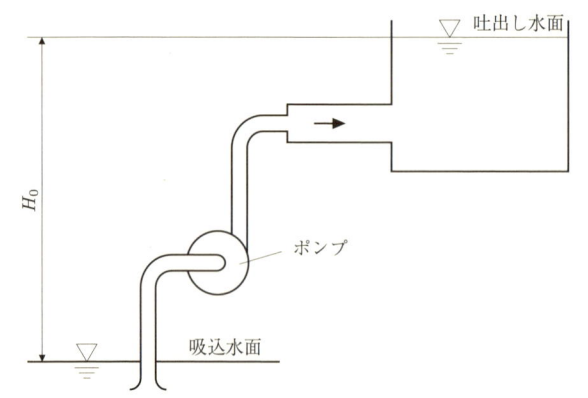

図 6.21 ポンプによる水の輸送

る．吐出し水面の全ヘッドは吸込水面に比べて H_0 だけ大きい．これはポンプによって水にエネルギーが与えられるためである．ポンプが単位重量の水になす仕事を H とすると，水位差 H_0 はこの H から管路の総損失 ΔH を差し引いたものに等しいので

$$H_0 = H - \Delta H \tag{6.57}$$

変形して，ΔH に式 (6.56) を用いると

$$H = H_0 + \Delta H = H_0 + \sum_i \lambda_i \frac{l_i}{d_i} \frac{V_i^2}{2g} + \sum_i \varsigma_i \frac{V_i^2}{2g} \tag{6.58}$$

上式の H をポンプの全揚程，H_0 を実揚程という．

ポンプの吐出し量すなわち管内を流れる水の流量を Q とすると，質量流量は ρQ であるから，単位時間当たりにポンプを通過する水の重量は $\rho g Q$ となる．したがってポンプが水になす単位時間当たりの仕事は $\rho g Q H$ である．この $\rho g Q H$ を水動力という．ポンプは電動機などによって駆動されるが，種々の損失のため駆動に要する動力（軸動力）L は水動力より大きくなる．したがって，ポンプの効率を η とすると

$$L\eta = \rho g Q H \tag{6.59}$$

が成立し，軸動力は次式で与えられる．

$$L = \frac{\rho g Q H}{\eta} \tag{6.60}$$

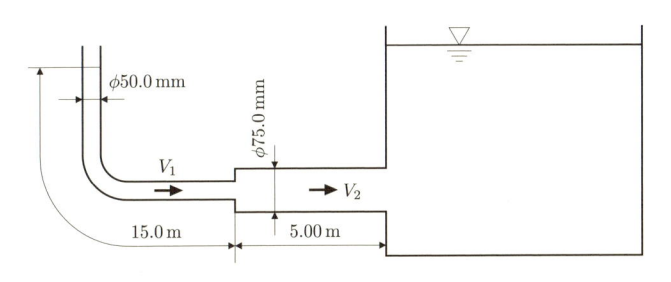

図 6.22 管路の総損失 (2)

例題 6.3 図 6.22 に示すように直管，曲がり管，急拡大管からなる管路が大きな貯水池につながっている．流量が $4.25 \times 10^{-3}\,\mathrm{m^3/s}$ のとき，この管路の総損失を求めよ．ここで直管の管摩擦係数 λ を 0.025（レイノルズ数によらず一定），曲がり管の損失係数 ς_1 を 0.150 とする．

（解） まず直径が 50 mm および 75 mm における流速 V_1, V_2 を求める．$V_1 = Q/(\pi/4)d_1^2$, $V_2 = Q/(\pi/4)d_2^2$ に $Q = 4.25 \times 10^{-3}\,\mathrm{m^3/s}$, $d_1 = 0.05\,\mathrm{m}$, $d_2 = 0.075\,\mathrm{m}$ を代入して $V_1 = 2.16\,\mathrm{m/s}$, $V_2 = 0.962\,\mathrm{m/s}$．これらの値と $l_1 = 15\,\mathrm{m}$, $l_2 = 5\,\mathrm{m}$, $\lambda = 0.025$ を $\lambda(l_1/d_1)(V_1^2/2g) + \lambda(l_2/d_2)(V_2^2/2g)$ に代入して，直管部分の損失ヘッドは 1.86 m．

曲がり管の損失係数は $\varsigma_1 = 0.150$, 急拡大部の損失係数は $\varsigma_2 = (1 - A_1/A_2)^2 = [1 - (50/75)^2]^2 = 0.309$, 管出口の損失係数は $\varsigma_3 = 1$ であるから，直管以外の箇所で生じる損失ヘッドは，$(\varsigma_1 + \varsigma_2)(V_1^2/2g) + \varsigma_3(V_2^2/2g)$ に数値を代入して 0.156 m．したがって総損失ヘッドは，$1.86 + 0.156 = 2.02\,\mathrm{m}$．

演習問題

6.1 管壁が滑らかな円管において，管内の流れが乱流 $(Re < 10^5)$ のとき損失ヘッドは断面平均流速の 1.75 乗に比例することを示せ．

6.2 直径が 20.0 mm の円管内を，粘度が $30.0 \times 10^{-3}\,\mathrm{Pa \cdot s}$ で比重が 0.850 の流体が流れている．流量が 25.8 L/mim のときの断面平均流速と最大流速（管中心の流速）を求めよ．

6.3 直径が 250 mm の円管内を水が流れている．流量が $0.101\,\mathrm{m^3/s}$ のときに管長 10.0 m 当たりの圧力損失は 1.20 kPa である．壁面せん断応力と管摩擦係数を

求めよ．

6.4 直径が 100 mm の管内を 0.850 m/s の流速で 10 ℃の水が流れている．管の内壁が滑らかな場合と，粗面管（相対粗度 0.002）の場合について管長 10.0 m 当たりの損失ヘッドを求めよ．

6.5 直径が 50.0 mm の管内を，流速が 3.20 m/s の空気が流れている．いまこの管を，次の方法で直径が 75.0 mm まで拡大させたときに生じる損失ヘッドを求めよ．

(1) 広がり角 $\theta = 5.5°$ で広げる．
(2) 途中に直径が 62.5 mm の管を接続し，急拡大を 2 段階に分ける．
(3) 一度に急拡大する．

6.6 図 6.23 に示すように，水位差が 4.50 m の 2 つの貯水池が直径 40.0 mm の円管によって結ばれており，途中にエルボと弁がそれぞれ 1 個取り付けられている．管の全長は 7.50 m，管摩擦係数は 0.0180（レイノルズ数によらず一定）であり，損失係数は管の入口が 0.85，エルボが 0.18，弁が 1.25，出口が 1.0 である．管路を流れる水の平均速度と流量を求めよ．ただし，両貯水池の水面の高さは一定とする．

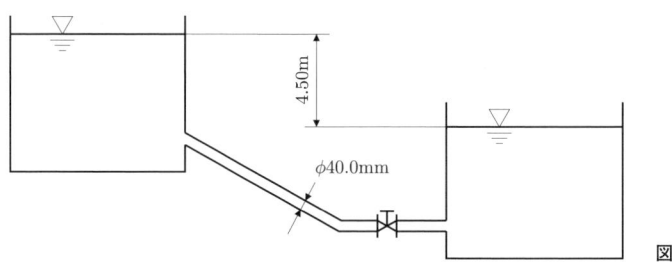

図 6.23

7 物体まわりの流れと流体力

　流れの中に置かれた物体や流体中を進行する物体は流れから力を受ける．第5章で学んだ運動量の法則はこの力を求める上で有用であるが，力を減少あるいは増加させるためにはどのようにすればよいかといったことを考える場合にはこれだけでは不十分で，物体のまわりの流れを理解することが必要になる．物体の表面近くには粘性の影響により速度が減少する領域すなわち境界層が形成され，この中の流れが物体に作用する力に大きな影響を及ぼす．そこで本章では，まず境界層内の流れについて学んだ後，これと関連づけて物体が流れから受ける力について考える．

　なお物体まわりの流れは，物体と流体のいずれが運動するかによる基本的な違いはなく相対速度で考えればよい．したがって物体が静止していて，それに向かって流体が流れている場合を想定する．

7.1 境界層

7.1.1 平板上の境界層

　最も基本的な流れである平板上の流れについてまず説明する．図7.1に示すように速度 U の一様流中に流れに沿って平板が置かれているとし，壁面に沿って x 軸を，壁面に垂直方向に y 軸をとる．壁近くの流体の速度は粘性の影響

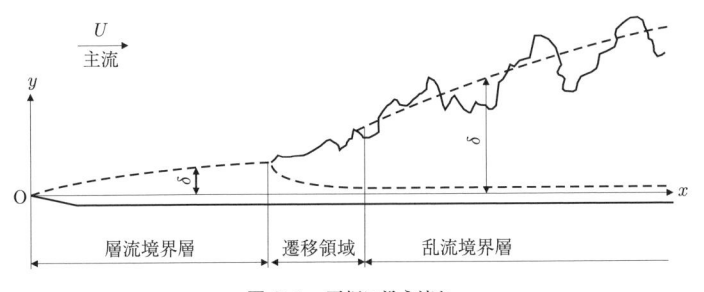

図 7.1 平板に沿う流れ

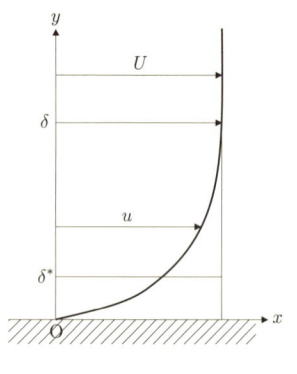

図 7.2 排除厚さ

を受けて小さくなり，壁面上の 0 から一様流速の U まで y 方向に変化する．この速度が減少する領域を**境界層** (boundary layer)，その外側を**主流** (main flow) という．流体の粘性は境界層の中だけで考慮すればよく，主流では流体を非粘性として扱うことができる．この境界層の概念は，流体力学の進歩に偉大な貢献をなした**プラントル** (Prandtl) によって導入された．境界層の厚さは前縁の 0 から下流方向に増加し，その中の流れは初めは層流であるが，ある距離を超えると乱流に遷移する．代表長さに x をとったときの臨界レイノルズ数 $Re_c (= Ux/\nu)$ は約 3×10^5 である．流れが層流状態から乱流状態に変化する中間には遷移領域が存在する．境界層の厚さ δ は速度が主流速度の 99 ％に達するときの壁からの距離として便宜的に定義され，層流境界層では $\delta \propto x^{1/2}$ であるのに対し，乱流境界層では $\delta \propto x^{4/5}$ と急激に増大する．境界層内の速度は y の増加とともに主流速度に漸近するので，上記の定義により精度よく δ を定めることは実際には難しい．そこで次に述べる排除厚さおよび運動量厚さがしばしば用いられる．

図 7.2 において壁からの距離 y における速度を u とすると，境界層の存在による流量の減少は紙面に垂直方向の単位長さ当たり

$$\int_0^\delta (U - u)\, dy$$

である．これは，速度が U で厚さが δ^* の部分の流量 $U\delta^*$ に等しいとおくことにより

7.1 境界層

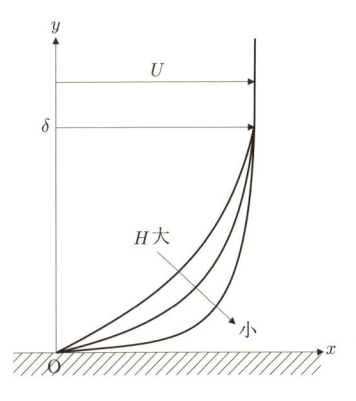

図 7.3 速度分布の形と形状係数の関係

$$\delta^* = \int_0^\delta \left(1 - \frac{u}{U}\right) dy \tag{7.1}$$

この δ^* を**排除厚さ** (displacement thickness) という．

また，境界層の存在による単位時間当たりの運動量の減少を求めると

$$\rho \int_0^\delta u(U-u)\, dy$$

となる．これは速度が U で厚さが θ の部分の運動量 $\rho U^2 \theta$ と等しいとおいて

$$\theta = \int_0^\delta \frac{u}{U}\left(1 - \frac{u}{U}\right) dy \tag{7.2}$$

上式の θ を**運動量厚さ** (momentum thickness) という．排除厚さ δ^* と運動量厚さ θ の比

$$H = \frac{\delta^*}{\theta} \tag{7.3}$$

は**形状係数** (shape factor) と呼ばれる．図 7.3 に速度分布の形と形状係数の関係を示すが，形状係数が小さいほど壁近くでの速度こう配 du/dy が大きい．平板上の境界層では層流の場合 $H \approx 2.6$ に対し，乱流に遷移すると $H \approx 1.4$ とかなり小さくなる．乱流にはさまざまな大きさの渦が存在し，主流の大きなエネルギーを壁近くに運ぶので，層流に比べ壁近くの速度が大きくなり，その結果形状係数が減少する．形状係数の大小は，7.1.2 項で説明する境界層のはく離と密接な関係がある．

次に乱流境界層の中の流れがどのようになっているか，もう少し詳しくみてみよう．第6章の管内流ですでに説明したように，壁のごく近くは粘性の影響が支配的でレイノルズ応力が無視でき，この領域は粘性底層と呼ばれる．その外側は遷移層を経て，レイノルズ応力だけを考慮すればよい乱流領域が存在するが，乱れのある領域と乱れのない主流との境界は一定ではなく，絶えず変動している．図7.1の乱流境界層における実線は，ある瞬間におけるこの境界を示している．したがってこの境界付近の一点に注目すると，そこでは乱れの大きな状態と乱れのない状態が間欠的に繰り返される．第6章における十分に発達した管内乱流では，このような領域は存在しない．常に乱流状態が保たれる領域での速度分布は，式 (6.21) と同じ次式で表される．

$$\frac{u}{u_*} = 2.5 \ln \frac{u_* y}{\nu} + 5.5 = 5.75 \log \frac{u_* y}{\nu} + 5.5 \tag{7.4}$$

ここで $u_* = \sqrt{\tau_0/\rho}$ （τ_0：壁面せん断応力）である．粘性底層においては式 (6.18) と同一の次式が成立する．

$$\frac{u}{u_*} = \frac{u_* y}{\nu} \tag{7.5}$$

7.1.2 境界層のはく離

曲面に沿った流れでは流路面積が変化するため，平板に沿った流れと異なり圧力が流れ方向に変化する．下流方向に流路が狭まる領域では，流れ方向に流速が増大する（$dU/dx > 0$）ので，圧力は減少し（$dp/dx < 0$），流体は壁に沿って流れる．しかし図7.4のように流路面積が広がるようになると，減速流（$dU/dx < 0$）となり，圧力は下流方向に増大する（$dp/dx > 0$）．境界層内の流体は速度が小さいので慣性力も小さいため，減速が続くとそのまま進むことはできなくなり，壁からはがれる．この現象を流れ（境界層）の**はく離** (separation) という．

このことを図7.4に従ってもう少し詳しく説明する．壁に近いほど流体の速度すなわち慣性力が小さいので，減速の影響を強く受け，壁近くの速度こう配 $\partial u/\partial y$ が図7.4(a) から (b) へと減少し，ついに (c) では壁面 $y=0$ において 0 となる．この位置より下流側では，(d) のように $(\partial u/\partial y)_{y=0} < 0$ となり，流

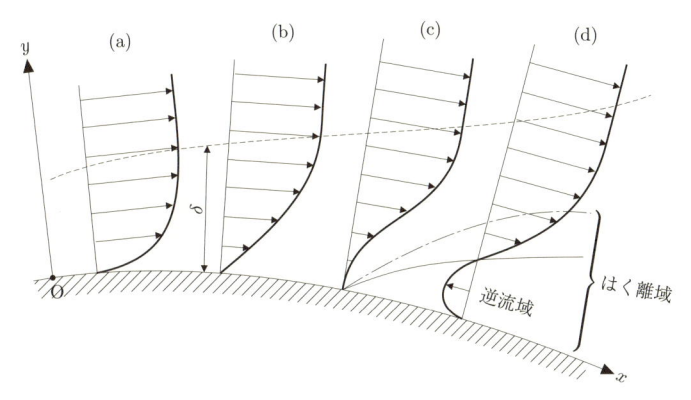

図 7.4 境界層のはく離

れは壁からはがれ逆流を生じる．

　流れがはく離すると境界層の厚さ δ は急増し，物体が流れから受ける力にも大きな影響を与える．はく離を防止ないしは遅らせる代表的な方法を以下に紹介する．

A　トリップワイヤ [図 7.5(a)]

　針金を壁に貼り付ける．乱流境界層は層流境界層に比べはく離しにくいことから，針金下流で生じる乱れにより流れを層流から乱流に強制的に遷移させることがねらいである．

B　渦発生器 [図 7.5(b)]

　壁面に垂直で流れに対して傾いた状態に境界層厚さと同程度の高さの板を取り付ける．主流の大きなエネルギーが壁近くに運ばれるので，形状係数が小さくなり速度分布ははく離を生じにくい形に改善される．

C　スリットからの吸込み [図 7.5(c)]

　境界層内のエネルギーの小さな流体を，壁面に設けたスリットから吸い取る方法である．スリット下流の境界層は，形状係数の小さな速度分布となる．

(a) トリップワイヤ

(b) 渦発生器

(c) スリットからの吸込み

(d) スリットからの吹出し

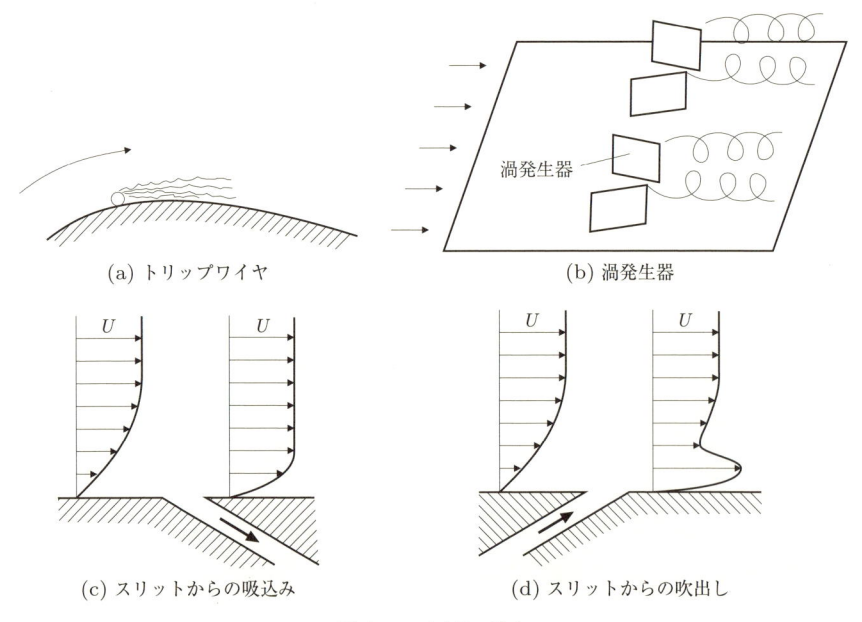

図 **7.5** はく離の防止

D　スリットからの吹出し ［図 7.5(d)］
壁面上のスリットから高速の流体を吹き出し，境界層の速度が小さな領域にエネルギーを供給する．航空機の翼に応用されている．

7.2 物体に働く流体力

図 7.6 に示すように流れの中に置かれた物体は流体から力を受ける．この力の流速に平行な成分を**抗力** (drag) または抵抗，垂直な成分を**揚力** (lift) という．

いま図 7.6 において一様流速を U，物体形状を二次元とし，紙面に垂直方向に単位長さをとって物体の微小部分 ds（面積 $ds \times 1$）に作用する力を考える．物体表面に作用する圧力を p，せん断応力を τ_0 とすると，面に垂直な力は $p\,ds$，面に沿って働く力は $\tau_0\,ds$ と表される．これらの力の積分値が，物体が流れから受ける力である．

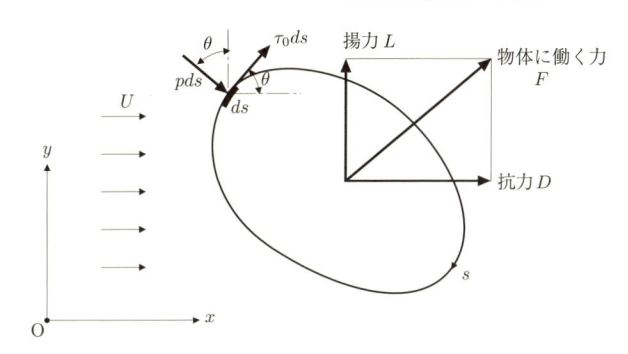

図 7.6 物体が流れから受ける力

7.2.1 抗　力

図 7.6 において物体の微小部分 ds が流れ方向となす角度を θ とすると，抗力 D は流速に平行な力の成分を全表面にわたって積分することにより，次式で与えられる．

$$D = \oint p \sin\theta \, ds + \oint \tau_0 \cos\theta \, ds = D_p + D_f \tag{7.6}$$

ここで $D_p = \oint p \sin\theta \, ds$ は圧力によって生じる力を表し，**圧力抗力** (pressure drag) と，$D_f = \oint \tau_0 \cos\theta \, ds$ は壁面摩擦力を表し，**摩擦抗力** (friction drag) とそれぞれ呼ばれる．このように抗力は圧力抗力と摩擦抗力の2つに大別されるが，その割合は主として物体形状により異なる．図 7.7(a) に示すような**流線形物体** (streamline body) では流れははがれにくく，ほぼ物体表面に沿って流れるので摩擦抗力が大部分を占める．前述の図 7.1 の平板は流線型物体の厚さを小さくした極限とみなすことができるが，それに沿った流れでは，摩擦抗力だけが生じる．しかし流れに垂直に置かれた図 7.7(b) の円柱や図 7.7(c) の平板では，レイノルズ数がきわめて小さくない限り流れがはく離し，その結果大きな抗力を生じる．このような物体は**鈍頭物体** (bluff body) と呼ばれ，摩擦抗力に比べ圧力抗力が圧倒的に大きな割合を占める．なお流れがはく離する位置（はく離点）が，図 7.7(c) では板の両端に固定され一定であるのに対し，図 7.7(b) の円柱の場合レイノルズ数により移動する．このため 7.3 節で説明するように，円柱の抗力はレイノルズ数の変化に対して複雑な挙動を示す．

抗力はエネルギー損失の増大につながるので一般にはこれを低減することが求

(a) 流線形物体

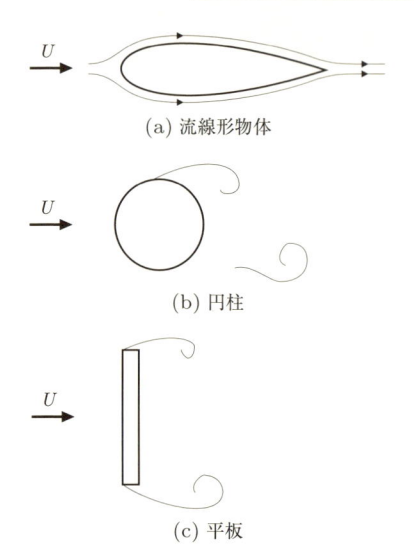

(b) 円柱

(c) 平板

図 7.7 物体まわりの流れ

められるが，圧力抗力と摩擦抗力のいずれを対象にするかにより対応が異なる．

抗力 D は，動圧 $(1/2)\rho U^2$ と物体の基準面積 S を用いて，次式で無次元化して表される．

$$C_D = \frac{D}{(1/2)\rho U^2 S} = \frac{D_p + D_f}{(1/2)\rho U^2 S} = C_{Dp} + C_f \quad (7.7)$$

ここで C_D は抗力係数または抵抗係数，C_{Dp} は圧力抗力係数または圧力抵抗係数，C_f は摩擦抗力係数または摩擦抵抗係数と呼ばれる無次元数であり，抗力の大きさはこれらの値により評価される．

7.2.2 揚　　力

流れから受ける力の流速に垂直な成分が揚力 L であるから，図 7.6 を参照して

$$L = \oint (-p\cos\theta)\,ds + \oint \tau_0 \sin\theta\,ds \quad (7.8)$$

流れから受ける力のうち揚力は抗力と異なり常に生じるとは限らず，物体形状，流れに対する物体の姿勢，物体の運動などに依存する．

抗力と同様，揚力 L も動圧 $(1/2)\rho U^2$ と物体の基準面積 S を用いて次式のように無次元化される．

$$C_L = \frac{L}{(1/2)\rho U^2 S} \tag{7.9}$$

上式の C_L を揚力係数という．

7.3 円柱まわりの流れと流体力

7.3.1 円柱まわりの流れと抗力係数

図 7.8 は直径が d の二次元円柱であり，その軸が流れに対して垂直になるように置かれている．円柱に働く力は抗力 D のみで，単位長さ当たりのその大きさは，基準面積として流れに垂直な投影面積 $d \times 1$ をとり次式で表される．

$$D = C_D \frac{1}{2}\rho U^2 d \tag{7.10}$$

上式の抗力係数 C_D は，図 7.9 に示すようにレイノルズ数

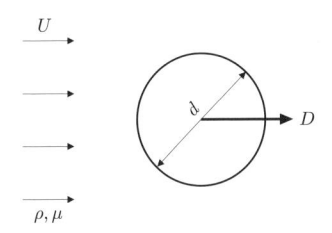

図 7.8 円柱が流れから受ける力

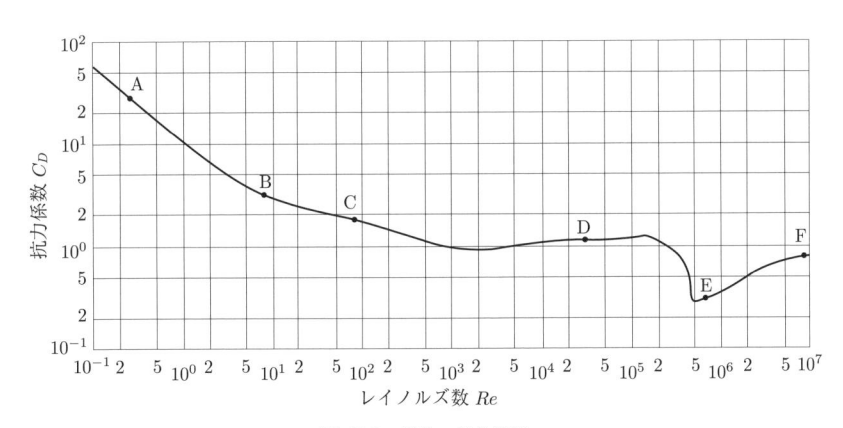

図 7.9 円柱の抗力係数

(a) (b) (c) (d) (e) (f)

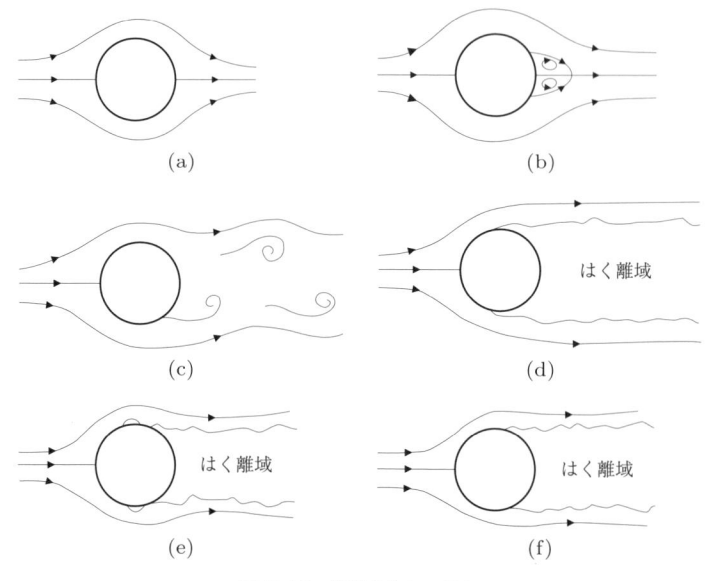

はく離域

図 **7.10** 円柱まわりの流れ

$$Re = \frac{Ud}{\mu/\rho} = \frac{Ud}{\nu} \tag{7.11}$$

の関数になる．これは円柱まわりの流れの状態がレイノルズ数により変化するからである．そこで代表的な流れを図 7.9 の点 A～F と対応させて以下に説明する．

A 点 A における流れ

レイノルズ数が非常に小さいとき ($Re \ll 1$) の流れで，流体の粘性の影響が支配的で慣性力は無視でき，図 7.10(a) に示すように流線は円柱の前後でほぼ対称である．

B 点 B における流れ

レイノルズ数が約 4 を超えると，図 7.10(b) のように流れがはく離し，円柱背後に付着した一対の渦が形成される．

C 点Cにおける流れ

レイノルズ数が約40以上になると渦は上下方向に振動を始めて不安定となり，図7.10(c)のように円柱の上側と下側から交互にはがれ，渦の列を生じる．この渦を**カルマン渦** (Karman vortex) という．粘性の影響は境界層と呼ばれる円柱表面近傍の領域に限られ，その外側は非粘性流体として振る舞う．

D 点Dにおける流れ

レイノルズ数が増加すると円柱の上側と下側から境界層が交互にはく離し，大きな速度こう配をもった層（せん断層）が下流に向かって流出して巻き上がり，渦を形成する［図7.10(d)］．境界層のはく離は層流状態で生じ，円柱の背後にははく離域が形成される．

E 点Eにおける流れ

レイノルズ数がさらに増加し約 4×10^5 に達すると，図7.9に示すように抗力係数が急減する．このとき図7.10(e)に示すように層流状態でいったんはく離した流れは，乱流に遷移した後円柱に再付着する．この現象は乱流状態でのエネルギーが層流に比べ大きいために生じ，円柱に沿って流れる流体はその後再びはく離する（乱流はく離）．この場合，円柱背後のはく離域は最も狭くなる．抗力係数が急減するレイノルズ数は**臨界レイノルズ数** (critical Reynolds number) と呼ばれ，円柱表面の粗さや円柱上流の流れの中に含まれる乱れが増すと上記の値より小さくなる．

F 点Fにおける流れ

レイノルズ数が臨界値 Re_c を超えると円柱表面の境界層は，はく離することなく層流から乱流に遷移し，その後はく離を生じる［図7.10(f)］．このときはく離点は臨界状態に比べ上流側に移動するので，はく離域はやや広がり図7.10(d)と(e)の中間の大きさになる．

ところで流れの中に置かれた円柱には抗力のみが作用すると先に述べたが，図7.11のように円柱が軸のまわりに回転している場合はどうであろうか．円柱が回転すると，流体には粘性があるため円柱表面近くの流体も円柱と同じ方向

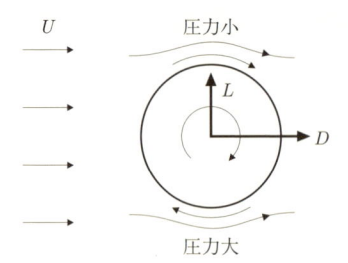

図 7.11 回転円柱に作用する力

に運動する．いま円柱が時計回りに回転したとすると，円柱の上側では主流と方向が同じであるため流速は増加する．このためベルヌーイの定理からわかるように，円柱の回転がない場合に比べ圧力は低下する．一方，円柱の下側では2つの流れが逆向きであるため合成速度は減少し，圧力は増加する．この結果円柱には上向きの力（揚力）が働く．この現象は**マグナス効果** (Magnus effect) と呼ばれる．野球，サッカー，テニスなどのボールに回転を与えるとボールが曲がる理由はこれにより説明できる．

> **例題 7.1** 直径が 50 mm の非常に長い円柱が，流れに対して垂直方向に水中に置かれている．流速が 0.85 m/s のとき，円柱 1 m 当たりに作用する力を求めよ．ここで抗力係数を 1.2 とする．

（解） 式 (7.10) より

$$D = C_D \frac{1}{2} \rho U^2 d = \frac{1.2 \times 10^3 \times 0.85^2 \times 0.05}{2} = 21.7 \, \text{N}$$

7.3.2 円柱まわりの圧力分布

7.3.1 項では円柱まわりの流れがレイノルズ数によって変わり，それに応じて抗力が変化することを知った．円柱の表面に沿う流れがはく離を生じる場合，抗力としては圧力抗力が大きな割合を占めるので，次に円柱表面上の圧力について考えてみよう．

円柱の十分上流における一様流速 U およびそこでの圧力 p_∞ を用いて，円柱表面上の圧力 p を次式で無次元化する．

$$C_p = \frac{p - p_\infty}{(1/2)\rho U^2} \tag{7.12}$$

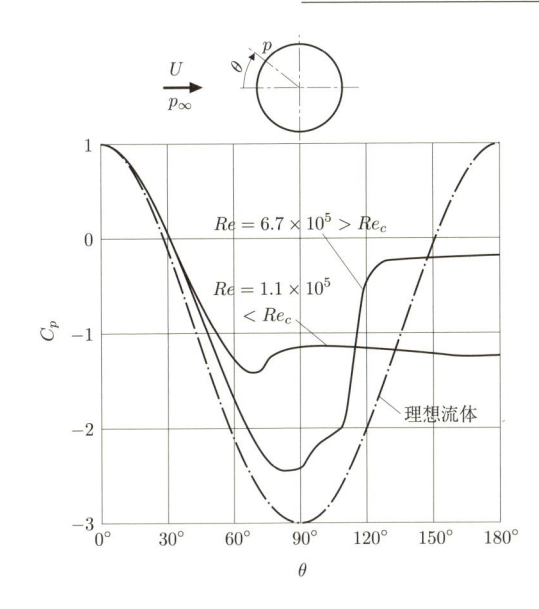

図 7.12 円柱表面上の圧力分布

上式の C_p を圧力係数といい,円柱の前方よどみ点から測った角度 θ との関係は図 7.12 のようになる.図中の 2 つの実線は,図 7.9 に示す臨界レイノルズ数 Re_c の前後のレイノルズ数における結果を,一点鎖線は理想流体に対する結果をそれぞれ示す.円柱の前面 $(0 \leq \theta < 30°)$ における圧力は円柱を流れ方向に押す力に大きく影響するが,2 つの実線はほぼ一致する.これに対し円柱の背面 $(150 < \theta \leq 180°)$ における圧力は円柱を流れと逆方向に押す力に大きく寄与し,レイノルズ数が臨界値を超えると急激に増加する.このため抗力係数は,臨界レイノルズ数を超えると急減する.

7.3.3 ストローハル数

円柱の背面より交互にはがれるカルマン渦の周波数 f は,円柱の直径 d および一様流速 U により

$$St = \frac{fd}{U} \tag{7.13}$$

と無次元化される.このパラメータは**ストローハル数** (Strouhal number) と呼ばれ,図 7.13 に示すようにレイノルズ数 Re [式 (7.11)] の関数である.スト

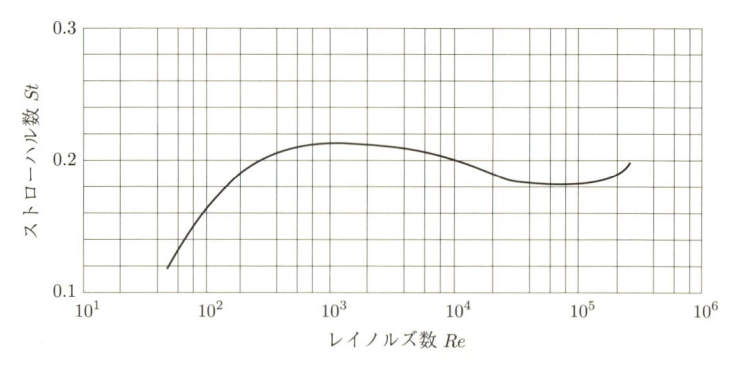

図 7.13 ストローハル数

ローハル数は，$Re \approx 300$ から臨界レイノルズ数付近まで約 0.2 の一定値をとる．カルマン渦は円柱に限らず種々の形状の鈍頭物体で発生が認められ，音や振動を引き起こす原因となることがあるので注意を要する．一方，カルマン渦を積極的に利用する例としては，カルマン渦の周波数が流速に比例することを応用した流量計がある．

> **例題 7.2** 直径が 10 mm の電線に 25 m/s の強風が吹きつけている．ストローハル数を 0.2 としてカルマン渦により発生する音の周波数を求めよ．

（解）　式 (7.13) より　$f = \dfrac{StU}{d} = \dfrac{0.2 \times 25}{0.01} = 500 \text{ Hz}$

7.4 翼に働く流体力

大きな揚力が得られるのは翼である．その断面形状は図 7.14 のようになり，**翼形** (airfoil) と呼ばれる．翼は航空機の翼だけでなく，軸流形のポンプ・水車・圧縮機，蒸気タービン，ガスタービン，プロペラ風車などの羽根に用いられる重要な要素である．

図 7.14 において**前縁** (leading edge) と**後縁** (trailing edge) を結ぶ線を**翼弦** (chord)，その長さ l を**翼弦長** (chord length) という．また翼形の中心線を**反り線** (camber line)，反り線と翼弦の距離を**反り** (camber)，反り線に沿って測った翼の厚さを**翼厚** (profile thickness)，翼の上面を背面，下面を腹面という．流

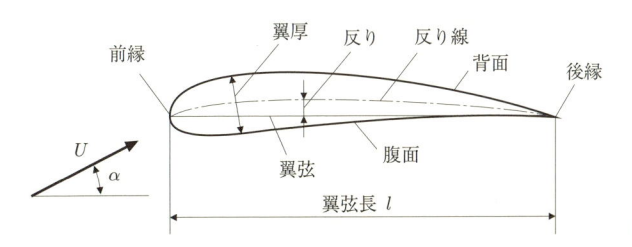

図 7.14 翼各部の名称

体の流入方向と翼弦のなす角度 α は**迎え角** (attack angle) と呼ばれる．

翼の場合，基準面積として翼面積を用いる．二次元翼ではスパン方向（図 7.14 の紙面に垂直方向）に単位長さをとると翼面積は $l \times 1$ となるので，揚力係数 C_L および抗力係数 C_D は次のように表される．

$$C_L = \frac{L}{(1/2)\rho U^2 l} \quad (7.14)$$

$$C_D = \frac{D}{(1/2)\rho U^2 l} \quad (7.15)$$

また，抗力と揚力の比 ε は抗揚比と呼ばれる．

$$\varepsilon = \frac{D}{L} = \frac{C_D}{C_L} \quad (7.16)$$

揚力係数と抗力係数は翼形，迎え角，レイノルズ数などによって変化する．図 7.15 は迎え角と揚力係数および抗力係数の関係の一例である．揚力係数は迎え角を増していくとほぼ直線的に増加するが，ある角度を超えると急激に減少し抗力係数は著しく増大する．この現象を**失速** (stall) という．図 7.16 は翼形のまわりの流れを煙により可視化したもので，図中の白い線は流脈を表している．迎え角が小さいときは図 (a) に示すように流体は翼に沿って流れるが，迎え角がある限界値を超えると図 (b) のように流れがはく離し，翼背面の圧力が増加する．このために揚力が急激に減少する．

このほかに翼に働く力による翼前縁まわりのモーメント M が性能評価に用いられ，その無次元量 C_M をモーメント係数という．

$$C_M = \frac{M}{(1/2)\rho U^2 l^2} \quad (7.17)$$

翼形の性能については，これまでにさまざまな形状のものが調べられている．

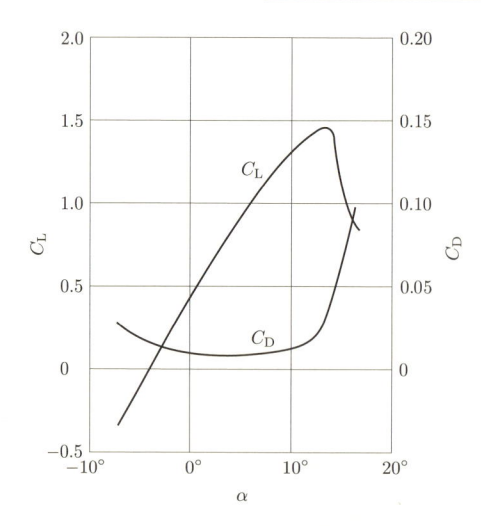

図 7.15 翼の揚力係数と抗力係数

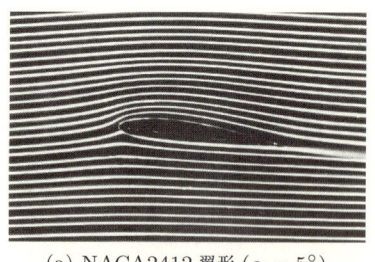

(a) NACA2412 翼形 ($\alpha = 5°$)

(b) NACA2412 翼形 ($\alpha = 15°$)

図 7.16 翼形まわりの流れ（日本機械学会編，写真集 流れ，丸善より）

NASA (National Aeronautics and Space Administration) の前身であるアメリカの NACA (National Advisory Committee for Aeronautics)，ドイツのゲッチンゲン (Göttingen)，イギリスの RAF (Royal Aircraft Factory) の系

統的な翼形が有名である．

7.5 その他の物体に働く抗力

直径 d の球の抗力係数は，基準面積 S として $(\pi/4)d^2$ を用いて

$$C_D = \frac{D}{(1/2)\rho U^2 (\pi/4)d^2} \tag{7.18}$$

と定義され，図 7.17 に示すようにレイノルズ数 $Re = Ud/\nu$ によって変化する．円柱とほぼ同じレイノルズ数において抗力係数が急減するが，この場合も，円柱と同様に原因は境界層が層流はく離から乱流はく離に移行することにある．またレイノルズ数が十分小さい ($Re \ll 1$) とき，抗力係数は流体の慣性力を無視することにより理論的に求められ

$$C_D = \frac{24}{Re} \tag{7.19}$$

で与えられる．この式を**ストークスの式** (Stokes equation) という．

種々の物体の抗力係数を，表 7.1 に示す．ただしいずれも鈍頭物体で圧力抗力が支配的であり，レイノルズ数が $10^3 \sim 10^5$ におけるおよその値である．

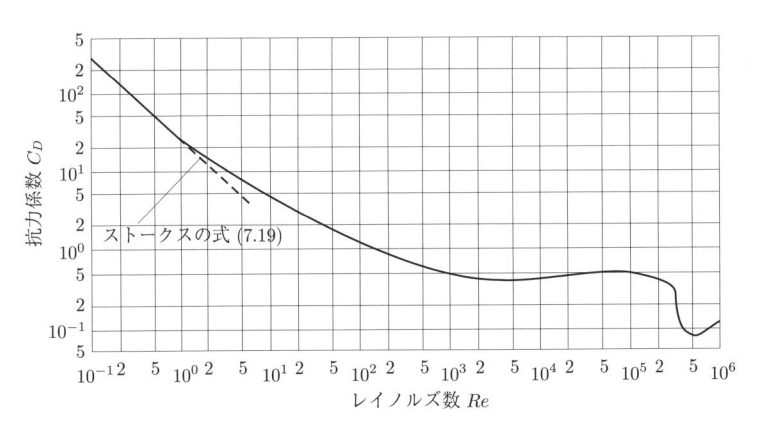

図 7.17 球の抗力係数

表 7.1 各種物体の抗力係数

形状		基準面積 S	抗力係数 C_D
球		$\dfrac{\pi}{4}d^2$	0.47
円柱 (ϕd, l 縦)	$l/d = 1$ $= 5$ $= 40$ $= \infty$	dl	0.63 0.74 0.98 1.20
円柱 (l, ϕd 横)	$l/d = 1$ $= 2$ $= 4$ $= 7$	$\dfrac{\pi}{4}d^2$	0.91 0.85 0.87 0.90
円板		$\dfrac{\pi}{4}d^2$	1.17
長方形板	$a/b = 1$ $= 2$ $= 10$ $= \infty$	ab	1.12 1.15 1.29 2.01
円すい	$\alpha = 30°$ $= 60°$	$\dfrac{\pi}{4}d^2$	0.34 0.51

例題 7.3 図 7.18 に示すように密度 ρ, 直径 d の球を密度 $\rho'(<\rho)$ の液体の中に静かに落としたところ, ゆっくり加速後に一定速度 V に達した. 球に働く抗力にはストークスの式 (7.19) が適用できるものとしてこの液体の粘度 μ を求めよ.

(解) 球には上向きに抗力 D および浮力 F が, 下向きに重力 W が作用し, 一定速度で落下中はこれらの力が釣り合っているので

$$D + F = W \tag{7.20}$$

それぞれの力は

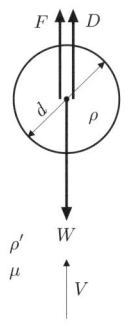

図 7.18

$$D = C_D \frac{1}{2}\rho' V^2 S = \frac{24}{Re}\frac{1}{2}\rho' V^2 \frac{\pi}{4}d^2 = 3\pi dV\mu$$
$$F = \frac{4\pi}{3}\left(\frac{d}{2}\right)^3 \rho' g = \frac{\pi}{6}d^3 \rho' g \qquad\qquad (7.21)$$
$$W = \frac{4\pi}{3}\left(\frac{d}{2}\right)^3 \rho g = \frac{\pi}{6}d^3 \rho g$$

式 (7.21) を式 (7.20) に代入して

$$\mu = \frac{d^2 g(\rho - \rho')}{18V} \qquad\qquad (7.22)$$

演習問題

7.1 流速が $U = 1.20\,\mathrm{m/s}$ の水中に長さ $l = 2.50\,\mathrm{m}$, 幅 $w = 1.20\,\mathrm{m}$ の平板が流れに平行に置かれている. 平板の摩擦抗力係数が $C_f = 0.074 Re_l^{-1/5}$ で与えられるとして, 平板の両面に作用する摩擦抗力を求めよ. ここで水の動粘度を $1.30 \times 10^{-6}\,\mathrm{m^2/s}$ とする.

7.2 問題 7.1 と同じ平板を流れと垂直になるように空気中に置いた. 平板の抗力係数を 1.15, 空気の密度を $1.20\,\mathrm{kg/m^3}$ とすると, 流れから受ける力が問題 7.1 と同じになるときの風速を求めよ.

7.3 直径が $1.50\,\mathrm{m}$ で高さが $20.0\,\mathrm{m}$ の煙突がある. 風速が $35.0\,\mathrm{m/s}$ のとき煙突に作用する力を求めよ. ここで空気の密度を $1.20\,\mathrm{kg/m^3}$, 煙突の抗力係数を 0.85 とする.

7.4 流速 $0.120\,\mathrm{m/s}$ の川の中に, 直径が $100\,\mathrm{mm}$ で長さが $800\,\mathrm{mm}$ の杭をその軸が

流れに垂直になるように立てた．(1) 抗力係数を 0.78 として杭に作用する力を求めよ．また (2) ストローハル数を 0.2 として，杭の背後にできるカルマン渦の周波数を求めよ．

7.5 前面投影面積が $2.30\,\mathrm{m}^2$ の自動車が時速 $95.0\,\mathrm{km}$ で走行している．気温を $20\,°\mathrm{C}$，抗力係数を 0.31 として (1) 空気抵抗および (2) 空気抵抗のために消費される単位時間当たりのエネルギーを求めよ．

7.6 主翼の面積が $350\,\mathrm{m}^2$ の旅客機が，時速 $750\,\mathrm{km}$ の一定速度で高度 $10.0\,\mathrm{km}$ を水平飛行している．翼の抗力係数を 0.015，空気の密度を $0.410\,\mathrm{kg/m}^3$ として翼に働く抗力を求めよ．

7.7 問題 7.6 において機体の質量は $250\times 10^3\,\mathrm{kg}$ である．胴体および尾翼の揚力は無視できるものとして主翼の揚力係数を求めよ．

7.8 球の抗力は，ストークスの式が成り立つようなレイノルズ数が非常に小さな流れでは流速に比例し，レイノルズ数によらず抗力係数が一定とみなせる流れでは，流速の 2 乗に比例することを示せ．

7.9 直径が $0.1\,\mathrm{mm}$ の雨が降っている．気温を $10\,°\mathrm{C}$ として雨滴の落下速度を求めよ．ここで，雨滴は球形であり，それに働く抗力はストークスの式 (7.19) が適用できるものとする．

8 流体計測

　流れの性質を知るための物理量としては，一般に温度，密度，粘度，圧力，流速，流量があげられる．これらのうち密度と粘度は，流体の温度がわかればその値を知ることができる．残る圧力，流速，流量が流体計測の対象となり，本章ではこれらの測定方法について述べる．流体は透明な場合が多いので直接観測によって必要な量を測定することは簡単でないが，流れは連続しているため圧力と流速の間には第4章で述べた関係があり，それを有効に用いることにより，間接的な測定が可能になる．

8.1　圧力測定

　流路内の定常流における静圧は，図 8.1(a) のように流路壁面に垂直にあけた小穴によって得られる．しかし穴が壁に対して垂直にあけられていなかったり，穴が流れの中に突出している場合，正確な測定はできない．円管において圧力を測定する場合は，周方向に等間隔に4箇所の穴を設け，それらを結んで平均化すると誤差が少ない．流路壁面が曲がっていたり段差があると，流線の曲がりによる遠心力や減速によって静圧の値は変化する．また全圧 $p + \rho V^2/2$

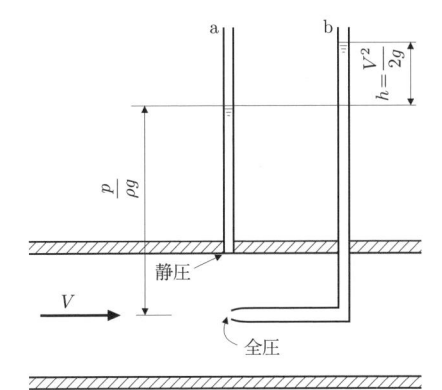

図 8.1　全圧と静圧の測定

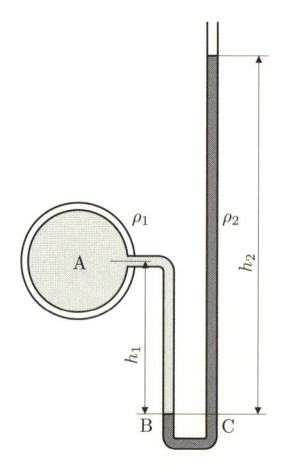

図 8.2 U字管マノメータ

（p：静圧，V：流速）は，図 8.1(b) のように圧力孔を流れに直角に向けて求める．全圧は流れに対し少しの角度のずれ（約 15°）があっても誤差は少ない．上述の小穴から取り出した圧力は，以下に説明する各種の圧力計によって測定される．

液体の密度を ρ とすると，自由表面から鉛直下方に測った距離 h の位置の圧力は，ゲージ圧表示で

$$p = \rho g h \tag{8.1}$$

となることは第 2 章で述べた．この関係を利用して，鉛直に立てたガラス管内の液柱の高さを測ることにより圧力を求める計器を液柱計（マノメータ）という．図 8.2 に示す容器内の点 A の圧力 p_A は，U 字管マノメータの点 B と点 C の圧力が等しいことから，次式のように表される．

$$p_A = p_C - \rho_1 g h_1 = (\rho_2 h_2 - \rho_1 h_1)g \tag{8.2}$$

U 字管内に水銀のように比重の大きい液体を用いると高い圧力が測定できる．たとえば図 8.2 おいて $\rho_1 = 1000\,\mathrm{kg/m^3}$（水），$\rho_2 = 13.6 \times 10^3\,\mathrm{kg/m^3}$（水銀），$h_1 = 32\,\mathrm{mm}$，$h_2 = 960\,\mathrm{mm}$ とすると，容器内の点 A の圧力は，式 (8.2) からゲージ圧表示で次のようになる．

$$p_A = (\rho_2 h_2 - \rho_1 h_1)g = 128 \times 10^3\,\mathrm{Pa} = 128\,\mathrm{kPa}$$

8.1 圧力測定

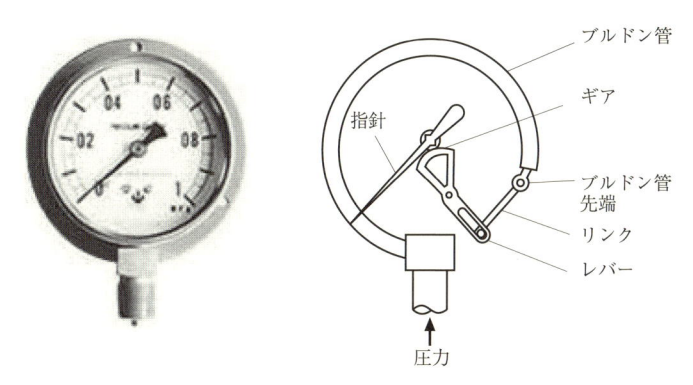

図 8.3 ブルドン管圧力計

容器の内部の流体が気体の場合，その密度 ρ_1 は U 字管内の液体の密度 ρ_2 に比べてはるかに小さいで，h_1 が h_2 に比べて小さいとき式 (8.2) の $\rho_1 h_1$ は無視できる．

工業的に用いられる管路系や流体機器における圧力の測定には，図 8.3 のようなブルドン管圧力計がよく使用される．ブルドン管圧力計は受圧エレメントに偏平した金属筒（ブルドン管）を用い，圧力が加わると楕円状の断面が弾性変形するのでそれを指針に伝える．構造が簡単なため取り扱いが容易であるだけでなく，広範囲の圧力測定が可能で，耐食性を要求される場合にも対応できる．

最近では圧力データをコンピュータで読み取って処理するために，圧力を直接電気信号に変えることのできる各種の圧力センサが開発されている．これらは直接壁面の小穴に取り付けられ，出力信号は増幅器を通してディジタルデータに変換される．圧力センサには，加圧によるダイアフラムの変形をひずみゲージの抵抗変化として読み取る方式のほかに，結晶体にひずみが生じるとピエゾ効果によって圧電される性質を利用する方式，平行平板のわずかな移動を電気容量の変化として読み取る方式などがあり，圧力の範囲や精度，流体の種類などに応じて選択できる．これらのセンサでは，圧力と出力信号の線形関係や温度変化に対する補償回路が組み込まれているものもある．

8.2 流量測定

管路を流れる流体の流量を求めるには，それを直接容器に受けて測定する方法があるが，以下では流動によって生じる圧力や速度などの流体力学的現象から流量を求める方法について説明する．

8.2.1 タンクオリフィスおよびタンクノズル

図8.4に示す大きな容器（断面積 A_1）の底にあけた小穴（断面積 A_2）から液体が流出する場合を考える．液面に断面①をとり，小穴の出口直後の断面②との間にベルヌーイの定理と連続の式を適用すると，両断面ともそこでの圧力は大気圧に等しいことから，流出速度は

$$V_2 = \frac{1}{\sqrt{1-(A_2/A_1)^2}}\sqrt{2gH} \tag{8.3}$$

実際の流出速度は流体の粘性のため式(8.3)の値より小さくなり，それを修正するための速度係数 C_v を用いると次式で表される．

$$V_2 = \frac{C_v}{\sqrt{1-(A_2/A_1)^2}}\sqrt{2gH} \tag{8.4}$$

この速度係数は無次元数で $C_v = 0.96 \sim 0.99$ 程度の値をとるが，次元解析すればレイノルズ数の関数であることがわかる．レイノルズ数が減少すると速度係数 C_v の値も減少する．小穴の形として内側に鋭い角をもつものを**オリフィス**

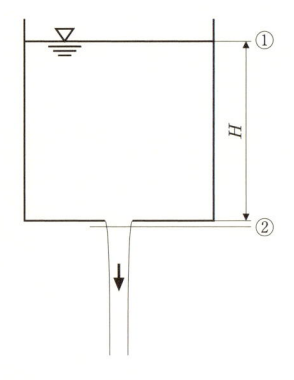

図 8.4 小穴からの液体の流出

(orifice), 入口に丸みをもたせたものを**ノズル** (nozzle) という (図 8.5 参照). 小穴を通過した後の噴流の断面積はノズルでは穴の断面積 A_2 と等しいが, オリフィスでは下流に進むにつれて減少し, 最小断面積 A_c は $A_c = C_c A_2$ で表される. ここで C_c は収縮係数と呼ばれ, 式 (8.4) において A_2 の代わりに $C_c A_2$ とおく必要がある. 流出量は $Q = C_c A_2 V_2$ であることから, 次式が得られる.

$$Q = C_c A_2 V_2 = \frac{C_c C_v A_2}{\sqrt{1-(C_c A_2/A_1)^2}}\sqrt{2gH} = \frac{CA_2}{\sqrt{1-(C_c A_2/A_1)^2}}\sqrt{2gH} \tag{8.5}$$

ここで C は流量係数と呼ばれ, $C = C_c C_v$ である. 実際には, 式 (8.5) は

$$Q = \frac{CA_2}{\sqrt{1-(A_2/A_1)^2}}\sqrt{2gH} \tag{8.6}$$

と書かれることが多く, この場合には C_c, C_v の個々の値を知る必要はなく, 流量係数 C の値のみを求めればよい. 流量の計測にこれらの装置を用いるには, 既知の流量に対して係数 C がとる値をあらかじめ調べておかなければならない. この値は流体の粘性の影響を受け, 次元解析からもわかるようにレイノルズ数の関数である.

8.2.2 管オリフィス, 管ノズルおよびベンチュリ管

管路の途中にオリフィス [図 8.5(a)] またはノズル [図 8.5(b)] を取り付け, その前後の差圧を測定することにより管内の流量を求める装置を, それぞれ管オリフィス, 管ノズルと呼ぶ. この装置では, 管内を流れる流体が液体でも気体でも流量を測定することができる. 図 8.6 はオリフィスを管路の途中に取り付けたときの, オリフィス前後の流れの概略と管に沿った壁面の圧力変化を示す. オリフィス取り付けの影響はオリフィスの上流 ($0.75 \sim 2$) D から現れ, 下流 ($3 \sim 6$) D まで及ぶ. オリフィスを出た流れは縮流を生じ, 噴流の断面積が最小の位置 (断面②) で圧力は極小になる. いまオリフィス上流の断面①と下流の断面②に圧力孔を設け, そこでの圧力を p_1, p_2 とすれば流量 Q は式 (8.5) と同様に

$$Q = \frac{C}{\sqrt{1-C_c^2 m^2}}\frac{\pi}{4}d^2\sqrt{\frac{2(p_1-p_2)}{\rho}} \tag{8.7}$$

(a) 管オリフィス　　　　　(b) 管ノズル

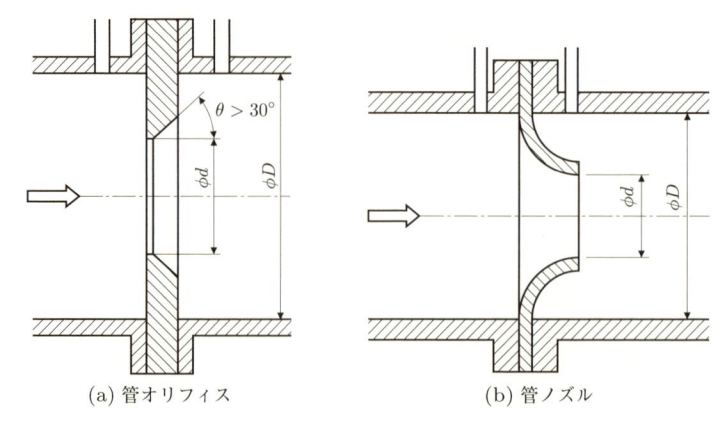

図 **8.5** 管オリフィスと管ノズル

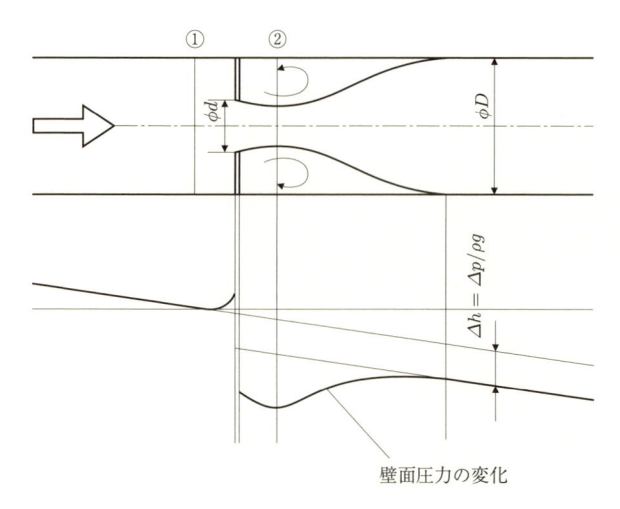

図 **8.6** オリフィスを通過する流れ

壁面圧力の変化

と表される．ここで $m = (d/D)^2$ である．この式はまた

$$\alpha = \frac{C}{\sqrt{1 - C_c^2 m^2}}$$

とおいて，次式で表される．

$$Q = \alpha \frac{\pi}{4} d^2 \sqrt{\frac{2(p_1 - p_2)}{\rho}} \tag{8.8}$$

8.2 流量測定

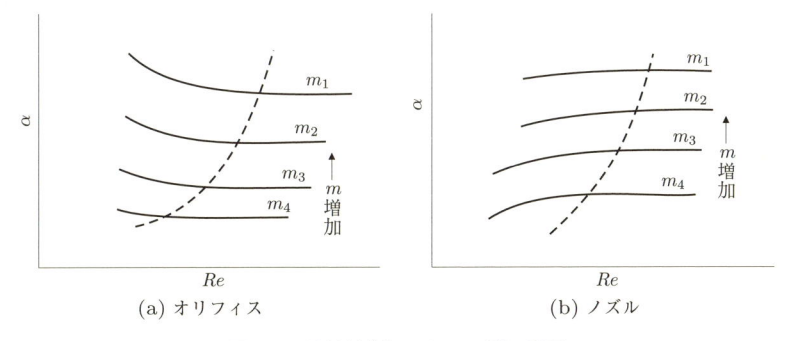

図 8.7 流量係数とレイノルズ数の関係

上式の α は**流量係数** (flow coefficient) と呼ばれ，断面積比 m とレイノルズ数 $Re\ (= VD/\nu,\ V$：オリフィス前後の管路における断面平均速度，D：オリフィス前後の管路の内径，ν：流体の動粘度) の関数である．

ノズルを管路の途中に取り付けたときも，流量は式 (8.8) で表される．図 8.7 に，オリフィスとノズルの流量係数がレイノルズ数とともにどのように変化するかを示す．オリフィスでは，レイノルズ数が減少すると収縮係数は増加するために流量係数も増加するが，さらにレイノルズ数が減少すると速度係数の低下の影響を受けて，レイノルズ数が約 400 以下で流量係数は減少する．一方，ノズルの場合は縮流を生じない ($C_c = 1$) ので，流量係数とレイノルズ数の関係は速度係数のそれとほぼ一致し，レイノルズ数とともに α は低下する．オリフィスやノズルを JIS 規格に基づいて製作すれば，流量係数も便覧などで与えられているので便利である．

図 8.7 に示すようにオリフィスやノズルの流量係数は，あるレイノルズ数以上では一定になる．このレイノルズ数の範囲は図のように断面積比 m とともに変化する．流量係数が一定になるレイノルズ数の範囲を図 8.8 に示す．

管路途中にオリフィスやノズルを設置するとき，これが流れの障害になって流動損失が増加する．前述の図 8.6 において管に沿った壁面の圧力は管摩擦により直線的に低下するが，オリフィスの直前でわずかに増加する．流体がオリフィスを通過すると圧力はいったん急激に減少した後に回復し，管摩擦に基づく直線に沿って再び減少する．オリフィスの上流側と下流側でこれらの直線を外挿したときのオリフィス前後の圧力差から損失ヘッド Δh は定義される．流

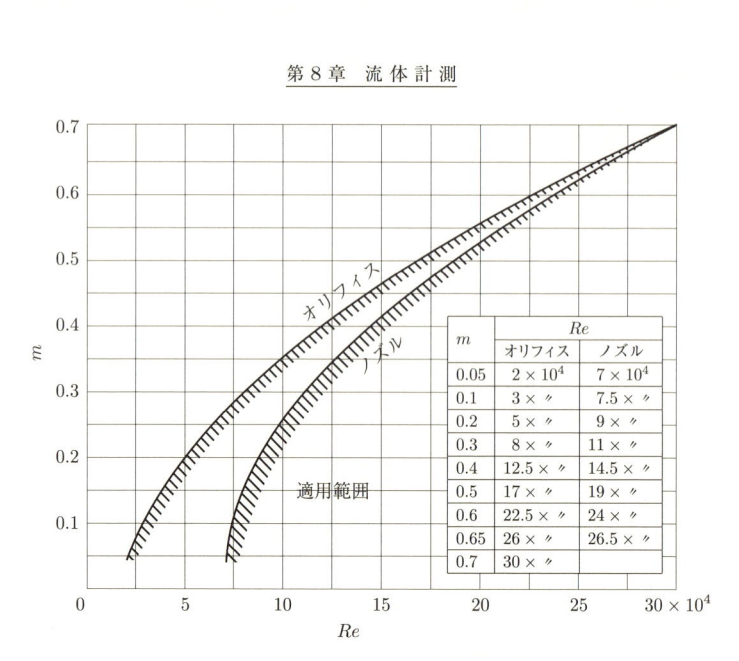

図 8.8 流量係数が一定となるレイノルズ数の範囲

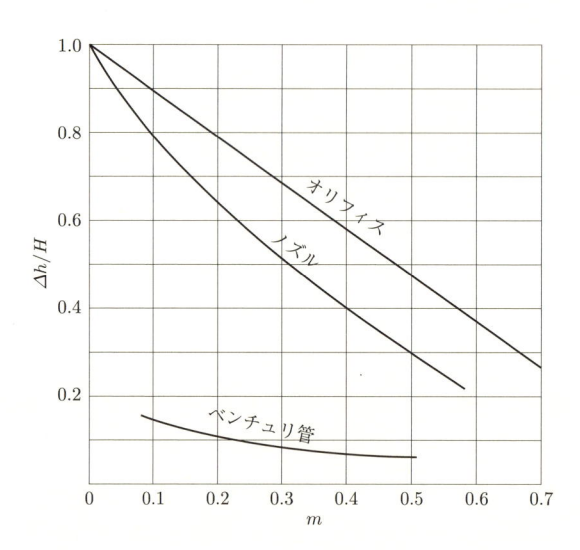

m	Re	
	オリフィス	ノズル
0.05	2×10^4	7×10^4
0.1	$3 \times $ 〃	$7.5 \times $ 〃
0.2	$5 \times $ 〃	$9 \times $ 〃
0.3	$8 \times $ 〃	$11 \times $ 〃
0.4	$12.5 \times $ 〃	$14.5 \times $ 〃
0.5	$17 \times $ 〃	$19 \times $ 〃
0.6	$22.5 \times $ 〃	$24 \times $ 〃
0.65	$26 \times $ 〃	$26.5 \times $ 〃
0.7	$30 \times $ 〃	

図 8.9 絞り流量計の流動損失

量計の指示ヘッドを H とすると，$\Delta h/H$ と断面積比 m の関係は 6.4.5 項で与えられているが，それらを図示すると図 8.9 のようになり，m が小さいほど損失は大きい．図にはノズルおよび後述のベンチュリ管についても結果が示されている．

図 8.10 ベンチュリ管

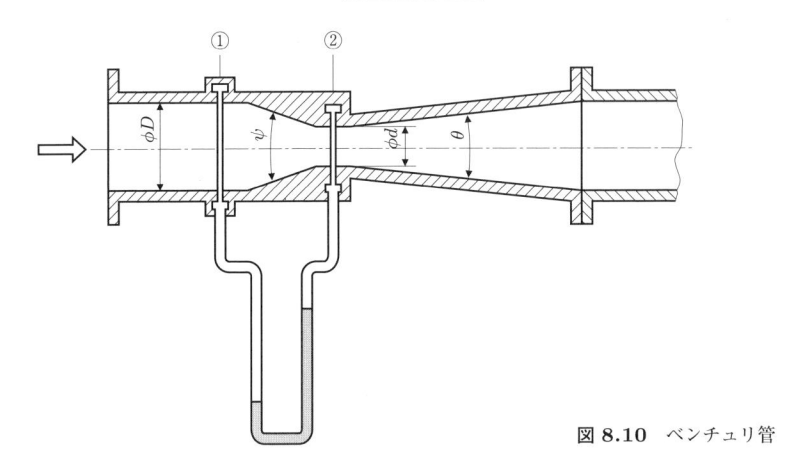

図 8.10 に示す**ベンチュリ管** (Venturi tube) では，流路断面積が緩やかに変化するため損失は小さい．この測定原理も上述のオリフィスの場合と同様である．上流側断面①と面積が最小の断面（のど部）②での圧力をそれぞれ p_1, p_2 とすると，断面②の直径を d として，流量 Q は次式で与えられる．

$$Q = \alpha \frac{\pi}{4} d^2 \sqrt{\frac{2(p_1 - p_2)}{\rho}} \tag{8.9}$$

上式における α は流量係数である．図において管路の狭まり角度 ψ は約 $20°$ に，出口側の広がり角度 θ は $5°\sim 7°$ にとって流れのはく離が生じないようにする．

8.2.3 電磁流量計

これはファラデーの電磁誘導の法則を利用した測定方法である．図 8.11 に示すように，流体を導電性の物質と考え，管路に垂直方向に磁束密度 B を加えると，流速と磁場のいずれにも直交する方向に電界が生じる．管内の流速が均一であるとすれば，直径 d の管の両端の電極には電界によって電位差 e が発生する．したがって，流速 V と電界の強さ E および電位差 e の関係は次のようになる．

$$\left. \begin{array}{l} E = BV \\ e = Ed = BVd \end{array} \right\} \tag{8.10}$$

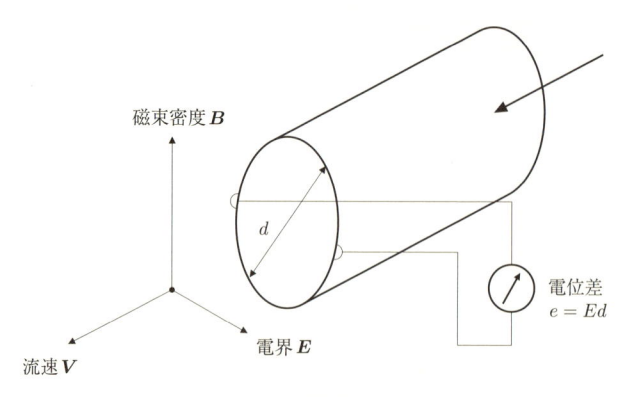

図 8.11 電磁流量計の原理

管内の流速は均一ではないので補正係数 β を用いて,流量は

$$Q = \beta \frac{\pi}{4} d^2 \cdot \frac{e}{Bd} = \beta \frac{\pi d e}{4B} \tag{8.11}$$

と表される.ここで磁束密度 B は装置の励磁方式からあらかじめ決められている.この測定方法の特徴は,流れに非接触であること,流体が均一な物質であればその密度に依存しないこと,流量と測定電圧が比例することにある.

8.3 流速測定

8.3.1 ピトー管

通常扱われる乱流では,流速の時間平均値［式 (8.22) 参照］のみを求める場合と,乱流の速度変動成分の大きさも求める場合とでその測定方法が異なる.時間平均の流速測定に古くから用いられてきた方法に図 8.1(b) に示す**ピトー管** (Pitot tube) がある.図 8.1(a), (b) に示すように,流れに垂直に向けた開口部にかかる全圧と壁面静圧のヘッド差 h が動圧 $\rho V^2/2$ に相当するので,流速は

$$V = \sqrt{2gh} \tag{8.12}$$

で与えられる(4.3 節参照).この原理を利用した種々の形状の流速計が用いられている.

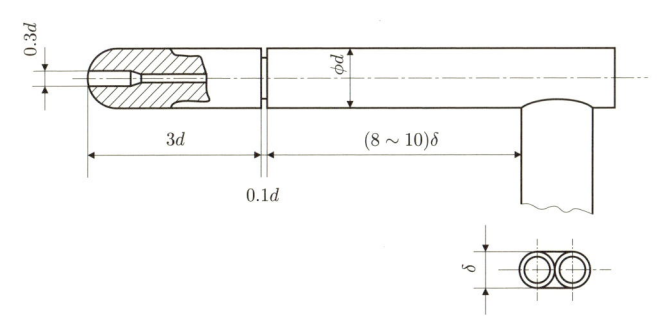

図 8.12 ピトー静圧管

図 8.12 は全圧と静圧の両方を測定できるピトー静圧管である．両圧力孔から得られるヘッド差 h より局所的な速度が求まる．流体には粘性があるので，一般に流速は

$$V = C_p\sqrt{2gh} \quad (8.13)$$

で与えられる．係数 C_p はピトー管係数と呼ばれる補正数でレイノルズ数に依存する．

1つの装置で速度の大きさと方向を知りたい場合，図 8.13(a) の円筒形3孔ピトー管あるいは (b) の球形5孔ピトー管が用いられる．その原理を図 8.13(a) により説明する．細い円筒を流れの中に挿入し，円筒の周上に等間隔 ($\theta = 30°$ ～ $45°$) に設けられた孔 a，b，c から圧力をそれぞれ独立に外部に導く．孔 b と c の圧力が等しくなるように管を回転させると，孔 a はちょうど流れの方向に向く．したがって a と b または a と c の圧力ヘッド差 h を測定すると，そこでの速度は次式で表される．

$$V = C_p\sqrt{2gh} \quad (8.14)$$

この係数 C_p は，あらかじめ風洞などの既知の速度場で検定して求めておかなければならない．5孔ピトー管の場合も原理は同じであるが，三次元の流れ場の測定に使用できる．ピトー管による測定は，原理が簡単で，大きな測定ミスを生じない．また装置にかかる費用もわずかで済む利点がある．

(a) 3孔ピトー管

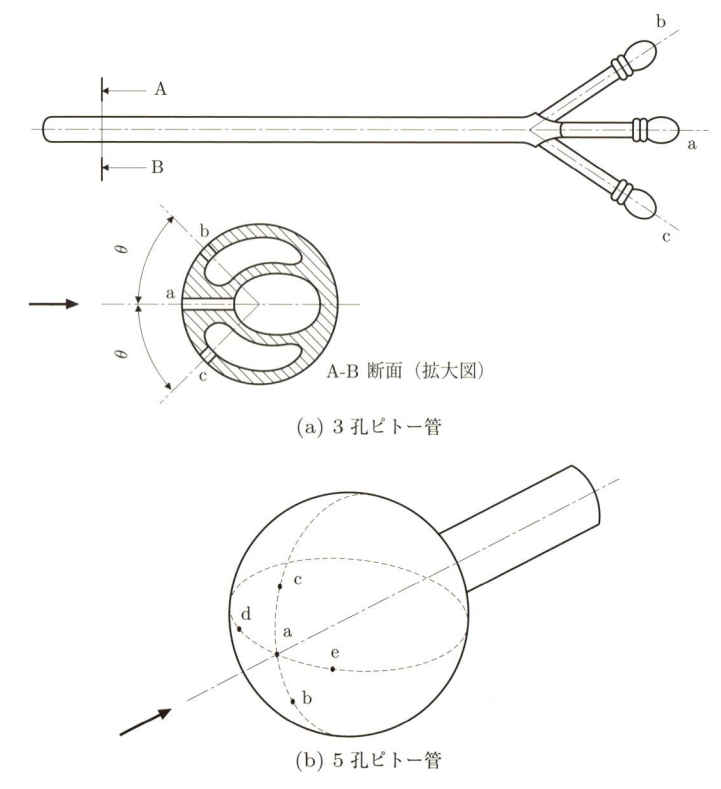

(b) 5孔ピトー管

図 8.13 3孔ピトー管と5孔ピトー管

8.3.2 熱線流速計

乱流のように速度が時間的に常に変動している流れ場で，時間平均速度とその変動成分を求めるには**熱線流速計** (hot wire anemometer) が適している．その作動原理は以下のようである．

図8.14に示すような細くて熱しても溶解しない金属線（タングステン線，白金線）を電気的に加熱する．熱線の温度を T_w，流体（空気）の温度を T_a とするとき，直径 d，長さ l の熱線から強制対流により放出される熱量 H_f は

$$H_f = Nu\pi l k_a (T_w - T_a) \tag{8.15}$$

ここで Nu は**ヌッセルト数** (Nusselt number) と呼ばれる無次元数で，k_a は空

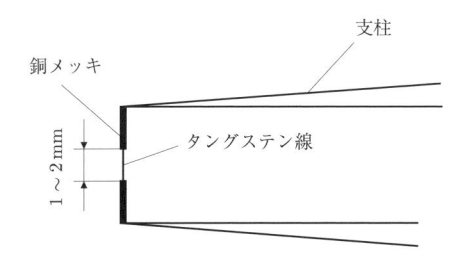

図 8.14 熱線プローブ

気の熱伝導率である．また熱線の電気抵抗を R_w とするとジュール熱による供給熱量は $I^2 R_w$ と表され，これが放熱量と等しくなるとすると

$$Nu\pi l k_a (T_w - T_a) = I^2 R_w \tag{8.16}$$

流速を U とすると，上式の $Nu\pi l k_a$ は近似的に $A + BU^n$ の形で表すことができる（King の法則）ので

$$(A + BU^n)(T_w - T_a) = I^2 R_w \tag{8.17}$$

この式における変数は U, T_w, I, R_w であるが，抵抗 R_w は温度のみの関数であり，気体温度が T_a のときの値を R_a とすれば

$$R_w = R_a [1 + \alpha_r (T_w - T_a)] \tag{8.18}$$

ここで α_r は熱線に用いた金属の電気抵抗の温度係数である．したがって式 (8.17) において電流 I，温度 T_w のいずれかを一定に保つことができれば，流速 U は残りの変数の関数となる．電流 I を一定に保つ方式を定電流形熱線流速計，抵抗 R_w すなわち熱線の温度 T_w を一定に保つ方式を定温度形熱線流速計という．回路の温度補償が容易であることから，一般には後者の方式が使用されている．以下に定温度形熱線流速計について述べる．

式 (8.17) において，流速 U が 0 のときの電流を I_0 とすると

$$A(T_w - T_a) = I_0^2 R_w \tag{8.19}$$

式 (8.17) との比をとると

$$\frac{A + BU^n}{A} = \left(\frac{I}{I_0}\right)^2 \tag{8.20}$$

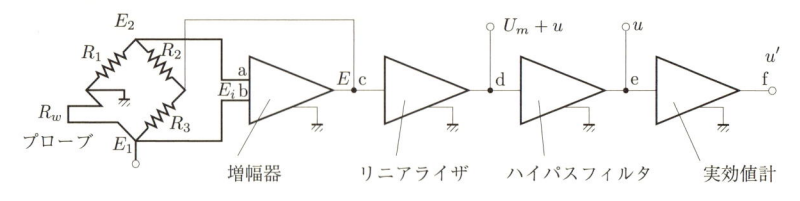

図 8.15 定温度形熱線流速計のブロックダイアグラム

右辺の電流比 I/I_0 は増幅器の出力電圧の比 E/E_0 から得られる．また熱線の線径を基準にしたレイノルズ数 Re が $44 < Re < 140$ の場合，上式の指数 n はほぼ $1/2$ となるので，流速 U と電圧比 E/E_0 の関係は

$$U = \left(\frac{A}{B}\right)^2 \left[\left(\frac{E}{E_0}\right)^2 - 1\right]^2 \tag{8.21}$$

この式からわかるように，U と E/E_0 には線形の関係がない．したがって実際の計測では，両者の間に線形関係が成り立つようリニアライザを用いて出力信号を調節する．

熱線流速計の増幅回路のブロック線図を図 8.15 に示す．線形化した後の出力信号 $(U = U_m + u)$ から，次式の時間平均速度 U_m と変動速度 u の実効値 u' を求めることができる．

$$\left.\begin{array}{l} U_m = \dfrac{1}{T}\displaystyle\int_{T_0}^{T_0+T} U dt \\[2ex] u' = \sqrt{\dfrac{1}{T}\displaystyle\int_{T_0}^{T_0+T} (U - U_m)^2 dt} \end{array}\right\} \tag{8.22}$$

ここで T は測定のゲート時間である．熱線は非常に細いので流れを乱すことは少なく，流れの変動に対してきわめて鋭敏に応答する．

8.3.3 レーザ流速計

レーザ流速計は，流れの中にプローブを挿入する必要がないので流れをまったく乱すことなく流速を測定できる．ただし流体はレーザ光が通過できるように透明でなければならない．流速の計測には，(1) レーザ光のドップラー効果を利用する方法と，(2) 2 つのレーザ光により，それぞれの焦点をつくり，その

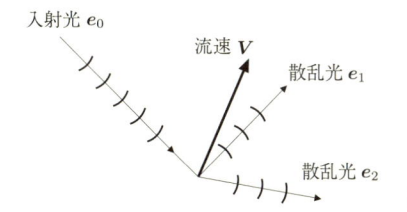

図 8.16 光の散乱

微小な区間を通過する微粒子の移動時間を求める 2 焦点法がある.前者のドップラー法に基づく **LDV** (laser Doppler velocimeter) の原理を以下に示す.

図 8.16 のように速度ベクトル V の流れ場において,流れの中に含まれているほこりなどの微粒子に光線(波長 λ,入射方向の単位ベクトル e_0)が当たると散乱光が生じる.異なる単位ベクトル e_1, e_2 の方向に散乱した光の周波数は,もとの入射光に比べそれぞれ次式の f_{D1}, f_{D2} だけずれる.これをドップラーシフトという.

$$\left.\begin{array}{l} f_{D1} = V \cdot \dfrac{e_0 - e_1}{\lambda} \\[2mm] f_{D2} = V \cdot \dfrac{e_0 - e_2}{\lambda} \end{array}\right\} \quad (8.23)$$

したがって,f_{D1} と f_{D2} の差を f_D と表すと

$$f_D = f_{D1} - f_{D2} = V \cdot \frac{e_2 - e_1}{\lambda} \quad (8.24)$$

上式の f_D はドップラー周波数と呼ばれ,入射光の方向 e_0 に無関係であり,方向が異なる 2 つのレーザ光を干渉させて光電子増倍管で測定することができる.

図 8.17 はこの原理を応用したシステムを示す.レーザ光源からの光をプリズムを用いて分割し,凸レンズにより測定しようとする点に焦点を合わせる.光電子増倍管方向の単位ベクトルを e_3 とすると,e_1, e_2 方向の光線が e_3 方向に散乱する際のドップラー周波数は

$$f_D = f_{D1} - f_{D2} = V \cdot \frac{e_1 - e_3}{\lambda} - V \cdot \frac{e_2 - e_3}{\lambda} = V \cdot \frac{e_1 - e_2}{\lambda}$$

光軸に垂直な速度成分 V_n は

$$V_n = \frac{\lambda f_D}{2 \sin(\theta/2)} \quad (8.25)$$

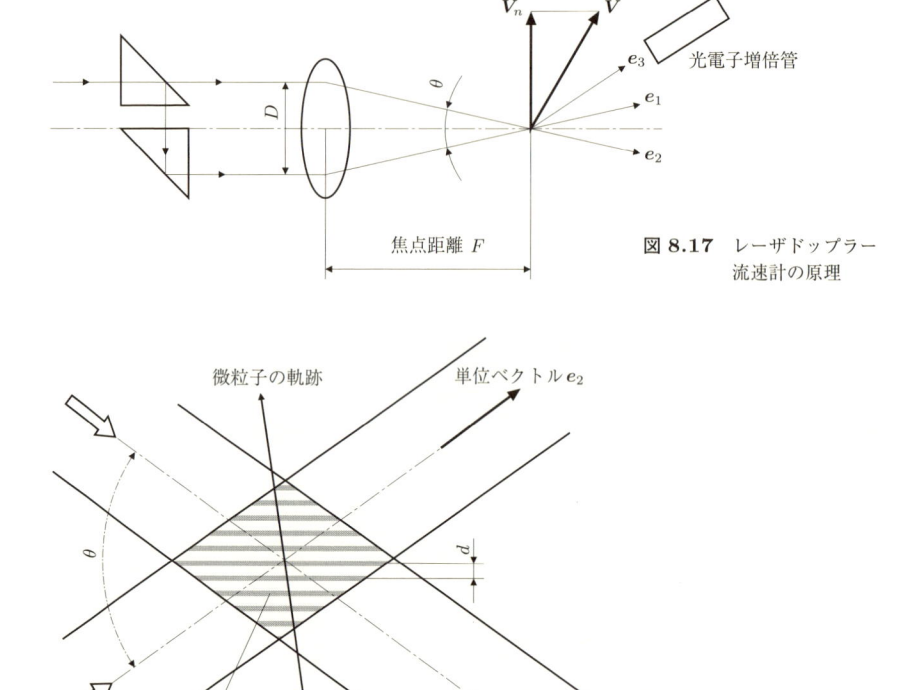

図 8.17 レーザドップラー流速計の原理

図 8.18 レーザ光の交差と干渉縞

となる．ビームの間隔 D とレンズの焦点距離 F が既知であれば交差角 θ は $\tan(\theta/2) = D/2F$ から定めることができる．したがって f_D を測定することにより光軸に垂直な速度成分 V_n を求めることができる．

これは別の考え方をすれば，2つの光線が交差するときに交差部分にできる明暗の縞模様（干渉縞）を粒子が通過する際生じる，光の強度変化の周波数と流速との関係である．光の交差部には図8.18のような干渉縞ができ，縞の間隔 d は次式で与えられる．

$$d = \frac{\lambda}{2\sin(\theta/2)} \tag{8.26}$$

流れ中の微粒子による散乱光の強度変化の周波数は $f_D = V_n/d$ であるから，式 (8.26) より

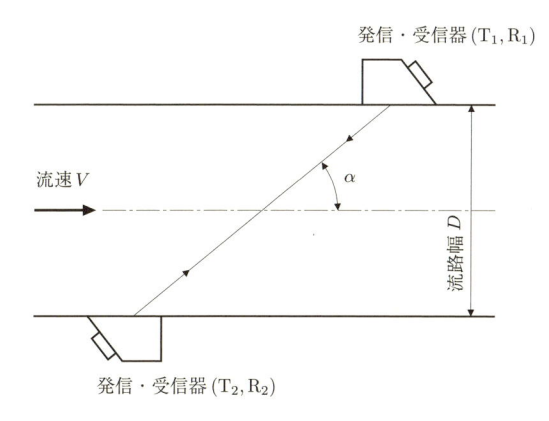

図 8.19　超音波流速計の原理
　　　　　（伝ば時間差法）

$$V_n = \frac{\lambda f_D}{2\sin(\theta/2)} \tag{8.27}$$

となり，式 (8.25) と同一の関係が得られる．

8.3.4　超音波流速計

　流れの中にプローブを挿入しないで速度を測定する他の方法として，超音波を利用する方法がある．図 8.19 のように 2 個の発信・受信器 (T_1, R_1), (T_2, R_2) を取り付け，それぞれの受信器で得られる周波数差から速度を求める．いま速度 V が一様な流れ場において，a を静止流体中の音速とすると，流体中を伝わる音波の速度は斜め下流方向には $a + V\cos\alpha$，斜め上流方向には $a - V\cos\alpha$ である．2 個の発信・受信器の間隔は $L = D/\sin\alpha$ であるから，音波の伝わる時間差 $\varDelta T$ は

$$\begin{aligned}\varDelta T &= \frac{L}{a - V\cos\alpha} - \frac{L}{a + V\cos\alpha}\\ &= \frac{D}{a\sin\alpha}\left[\frac{1}{1 - (V/a)\cos\alpha} - \frac{1}{1 + (V/a)\cos\alpha}\right]\end{aligned} \tag{8.28}$$

$V/a \ll 1$ であるから，近似的には

$$\varDelta T = \frac{2DV}{a^2}\cot\alpha \tag{8.29}$$

したがって，$\varDelta T$ を測定することで上式から流速 V を求めることができる．

　レーザ流速計の場合と同様に，音波のドップラー効果を利用する方法もある．図 8.20 に示すように，流れの方向となす角度がそれぞれ α，β の位置に発信

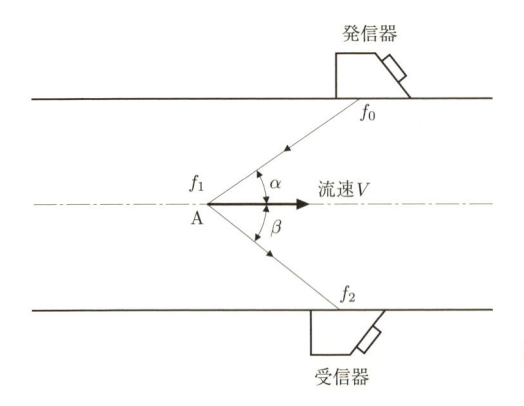

図 8.20 超音波流速計の原理（ドップラー法）

器と受信器を設置する．発信器から発射された周波数 f_0 の超音波は，図の点 A にある微小な粒子によって散乱されるが，そこでの周波数 f_1 は次式で表される．

$$f_1 = \frac{a + V \cos\alpha}{a} f_0 \tag{8.30}$$

点 A で散乱された超音波は受信器に達するが，そこでの周波数 f_2 は

$$f_2 = \frac{a}{a - V \cos\beta} f_1 \tag{8.31}$$

式 (8.30)，(8.31) から

$$f_2 = \frac{a + V \cos\alpha}{a - V \cos\beta} f_0 = \frac{1 + (V/a) \cos\alpha}{1 - (V/a) \cos\beta} f_0 \tag{8.32}$$

$V/a \ll 1$ であるから，近似的には

$$f_2 = \left[1 + \frac{V}{a}(\cos\alpha + \cos\beta) \right] f_0 \tag{8.33}$$

したがって，発信音と受信音の周波数の差 $f_2 - f_0$ を測定することで点 A の流速 V を求めることができる．自動車の速度取締りや野球のボールの速度測定にはこの原理が応用されている．

演習問題

8.1 流量を求めるために管から流出する水を容器で一定時間受けてその質量を測った．測定時間が 17.0 s において水の質量が 25.0 kg のときの水の流量を求めよ．

8.2 図 8.21 に示す内径 50.0 mm の水平な管内を 20 ℃の空気が流れている．その流量を測定するために管路の途中に絞り部の直径が 25.0 mm のオリフィスを取り付け，その前後の差圧をマノメータで測定した．マノメータにはエチルアルコール (20 ℃) が入っており，液柱差は 132 mm である．オリフィスの流量係数を 0.630 として空気の流量を求めよ．

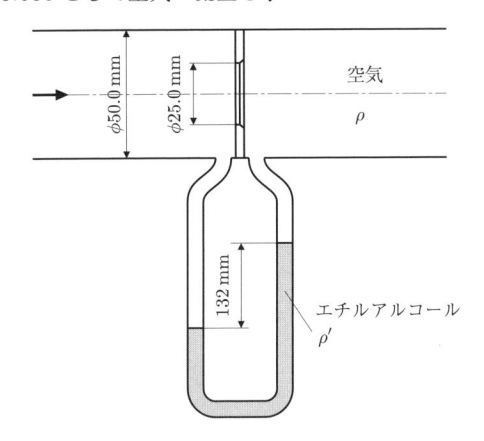

図 8.21

8.3 図 8.22 に示す内径 150 mm の水平な管内を流れている水の流量を，のど部の直径が 80.0 mm のベンチュリ管で測定した．入口とのど部の圧力差を水銀マノメータで測定したところ，液柱差は 153 mm であった．ベンチュリ管の流量係数を 1.03，水銀の比重を 13.6 として水の流量を求めよ．またこのベンチュリ管を鉛直方向に取り付け，上記と同じ流量の水を上向きに流したときマノメータの液柱差はどうなるか．

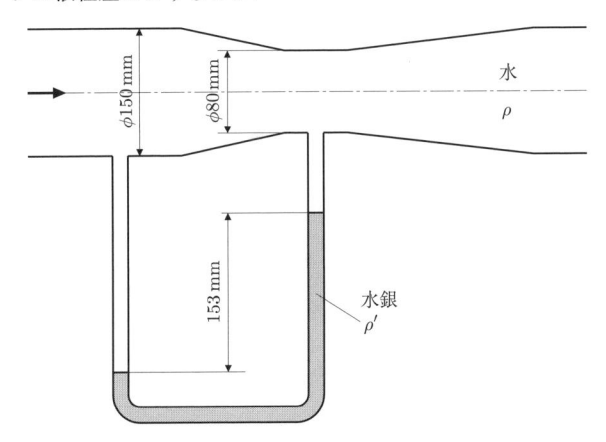

図 8.22

8.4 図 8.23 において，水が流れている管の中心に速度測定用のピトー管が取り付けられている．ピトー管の先端の圧力および管内の静圧に対応するヘッドはそれぞれ 1385 mm，1240 mm である．このときの管中心の速度を求めよ．

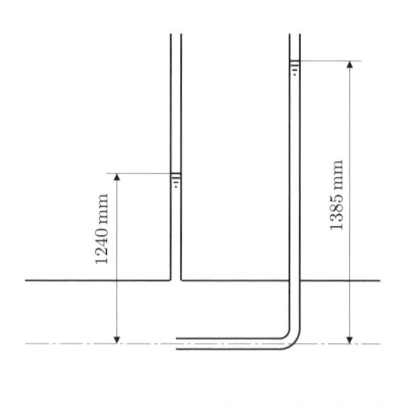

図 8.23

8.5 He-Ne（ヘリウム-ネオン）レーザを光源にした LDV を用いて気体の速度を測定した．図 8.17 で分割された平行光線の間隔を $D = 50$ mm，レンズの焦点距離を $F = 100$ mm とする．流速が $V_n = 10$ m/s のときに観測されるドップラー周波数 f_D を求めよ．ここで He-Ne レーザ光線の波長を $\lambda = 0.633\,\mu$m とする．

8.6 ボールの来る正面から超音波を発信し，反射波を受信してその球速を測定する．いま，発信する超音波の速度が 340 m/s，周波数が 30 kHz であり，受信周波数が 37 kHz であった．このときの球速を求めよ．

9 次元解析と相似則

前章までにおいてすでに，必要に応じていくつかの単位を用いてきた．本章ではこれらを整理するとともに，次元，その応用として次元解析，および模型実験を行う際に模型と実物の間で満足すべき流れの相似条件について学ぶ．

9.1 単位と次元

物理量の大きさは，ある定まった大きさの量を表す**単位** (unit) とその倍数を表す数値によって示される．一般に単位は任意に決めることができ，たとえば長さ，質量，時間の単位をそれぞれ m, kg, s と定めると，加速度の単位は m/s^2 となる．したがって，質量 1 kg の物体に $1 m/s^2$ の加速度を生じさせるのに必要な力の大きさは，（力）＝（質量）×（加速度）の関係から $1 kg \cdot m/s^2$ と導くことができる．これを 1 N と表記する．このように単位には m, kg, s のように互いに独立なものと，m/s^2, N のように定義あるいは物理法則に従って導かれるものとがあり，前者を基本単位，後者を組立単位と呼ぶ．現在，単位は表 9.1 に示す長さの m, 質量の kg, 時間の s を基本単位とする SI 単位系[*1]に国際的統一が図られつつある．よく使われる組立単位のうち，固有の名称をもつものの例を表 9.2 に，主な接頭語を表 9.3 に示す．

従来は質量の kg の代わりに力の kgf を基本単位とする工学単位系が使われて

表 9.1 SI 基本単位

量		単位	
名称	記号(例)	名称	記号
長さ	L	メートル	m
質量	M	キログラム	kg
時間	T	秒	s

[*1] SI 基本単位には表 9.1 に示す 3 つのほかに，熱力学温度の K （ケルビン），電流の A （アンペア），物質量の mol （モル），光度の cd （カンデラ）の 4 つがある．

表 9.2　固有の名称をもつ SI 組立単位の例（日本機械学会編, 機械工学 SI マニュアル, 丸善より）

量	単位			SI 基本単位による表示
	名　称	記号	定　義	
圧　力	パスカル	Pa	N/m^2	$m^{-1} \cdot kg \cdot s^{-2}$
エネルギー, 仕事, 熱量	ジュール	J	$N \cdot m$	$m^2 \cdot kg \cdot s^{-2}$
ガス定数, 比熱	ジュール毎キログラム毎ケルビン	$J/kg \cdot K$	$N \cdot m/kg \cdot K$	$m^2 \cdot s^{-2} \cdot K^{-1}$
仕事率, 動力	ワット	W	J/s	$m^2 \cdot kg \cdot s^{-3}$
周波数	ヘルツ	Hz	$1/s$	s^{-1}
力	ニュートン	N	$m \cdot kg \cdot s^{-2}$	$m \cdot kg \cdot s^{-2}$
比エネルギー	ジュール毎キログラム	J/kg	$N \cdot m/kg$	$m^2 \cdot s^{-2}$
表面張力	ニュートン毎メートル	N/m	N/m	$kg \cdot s^{-2}$
粘　度	パスカル秒	$Pa \cdot s$	$N \cdot s/m^2$	$m^{-1} \cdot kg \cdot s^{-1}$

表 9.3　主な接頭語

単位に乗ぜられる倍数	接頭語	
	名　称	記　号
10^9	ギ　ガ	G
10^6	メ　ガ	M
10^3	キ　ロ	k
10^{-3}	ミ　リ	m
10^{-6}	マイクロ	μ
10^{-9}	ナ　ノ	n

きたため, 単位系が切り替わりつつある現在では両単位系が混在している. 従来の単位系で表示された量を SI 単位系に換算するためには, 表 9.4 に示す倍数を乗じればよい. その基礎となる 1 つは力の kgf と N の関係であるから, これを求めてみると次のようになる. 質量 1 kg の物体に作用する重力の大きさが 1 kgf と定義されるので

$$1\,\text{kgf} = 1\,\text{kg} \times 9.806\,65\,\text{m/s}^2 = 9.806\,65\,\text{N} \approx 9.81\,\text{N} \tag{9.1}$$

長さ, 時間, 速度, 圧力などの物理量は, 互いに独立な基本的な量とその組み合わせから得られる量の 2 つに分けられる. いかなる基本量の組み合わせかを示すものが**次元** (dimension) である. たとえば長さ L, 質量 M, 時間 T を基本量にとった場合,「力 F の次元は MLT^{-2} である」といい, 次のように書く.

$$[F] = [MLT^{-2}] \tag{9.2}$$

次元を調べることは, 物理現象を表す関係式が正しいかどうかを検討する上

9.1 単位と次元

表 9.4 代表的な物理量の単位の換算係数
（日本機械学会編，機械工学 SI マニュアル，日本機械学会より）

量	変換 従来の単位 → SI 単位	乗ずる倍数
圧　　力	$kgf/cm^2 \to Pa$	9.80665×10^4
	$kgf/m^2 \to Pa$	9.80665
	$mmHg \to Pa$	1.33322×10^2
	$mmH_2O \to Pa$	9.80665
	$mH_2O \to Pa$	9.80665×10^3
	at（工学気圧）$\to Pa$	9.80665×10^4
	atm（標準気圧）$\to Pa$	1.01325×10^5
	bar（バール）$\to Pa$	10^5
	Torr（トル）$\to Pa$	1.33322×10^2
エネルギー，仕事	$kgf \cdot m \to J$	9.80665
熱　　量	$cal_{IT} \to J$	4.1868
回 転 速 度	$rpm \to s^{-1}$	$1/60$
	$rps \to s^{-1}$	1
ガ ス 定 数	$kgf \cdot m/(kgf \cdot ℃) \to J/(kg \cdot K)$	9.80665
仕事率，動力	$PS \to W$	735.5
	$kgf \cdot m/s \to W$	9.80665
	$kcal_{IT}/h \to W$	1.163
質　　量	$kgf \cdot s^2/m \to kg$	9.80665
周波数，振動数	$s^{-1} \to Hz$	1
体積弾性係数	$kgf/m^2 \to Pa$	9.80665
力	$kgf \to N$	9.80665
	$dyn \to N$	10^{-5}
ト ル ク	$kgf \cdot m \to N \cdot m$	9.80665
粘　　度	$kgf \cdot s/m^2 \to Pa \cdot s$	9.80665
	P（ポアズ）$\to Pa \cdot s$	10^{-1}
	cP（センチポアズ）$\to Pa \cdot s$	10^{-3}
動 粘 度	St（ストークス）$\to m^2/s$	10^{-4}
	cSt（センチストークス）$\to m^2/s$	10^{-6}
熱 伝 導 率	$kcal_{IT}/(m \cdot h \cdot ℃) \to W/(m \cdot K)$	1.163
比　　熱	$kcal_{IT}/(kgf \cdot ℃) \to J/(kg \cdot K)$	4.1868×10^3
	$kgf \cdot m/(kgf \cdot ℃) \to J/(kg \cdot K)$	9.80665
密　　度	$kgf \cdot s^2/m^4 \to kg/m^3$	9.80665
表 面 張 力	$kgf/cm \to N/m$	9.80665×10^2
	$kgf/m \to N/m$	9.80665
角度（平面角）	$° \to rad$	$\pi/180$
温　　度	$℃ \to K$	$t\,℃ = (t + 273.15)K$
温 度 間 隔	$℃ \to K$	$1\,℃ = 1\,K$

で有用である．少なくとも各項の次元が一致しなければ，その式は誤りであるといえるからである．また次元の考えは次節で説明する次元解析にも応用される．

9.2 次元解析

一般に，物理現象には多くの物理量が関与する．いまある現象に注目したとき，その物理量が n 個あるとしてそれぞれを $A_1, A_2, \cdots, A_n$ とする．これらは次の関数関係

$$f(A_1, A_2, \cdots, A_n) = 0 \tag{9.3}$$

で結ばれているとする．このとき式 (9.3) は物理量の数 n よりも k 個だけ少ない無次元数 $\pi_1, \pi_2, \cdots, \pi_{n-k}$ を用いて書き換えることができる．すなわち

$$\phi(\pi_1, \pi_2, \cdots, \pi_{n-k}) = 0 \tag{9.4}$$

ここで k は次元的に独立な物理量の数であり，普通は基本単位の数に等しい．以上をバッキンガムの π 定理と呼ぶ．

この定理の応用例として，図 9.1 に示す大きな容器の側壁に取り付けられたノズルから噴出する液体の速度を求めてみよう．ノズル中心の液面から測った深さを H とすると，液体の粘性を無視すれば，この現象に関わる物理量は速度 V，深さ H および重力加速度 g の 3 つである ($n = 3$)．したがって，式 (9.3) は

$$f(V, H, g) = 0 \tag{9.5}$$

3 つの物理量 V, H, g について，それぞれの次元を調べると

$$\left. \begin{array}{l} [V] = [LT^{-1}] \\ [H] = [L] \\ [g] = [LT^{-2}] \end{array} \right\} \tag{9.6}$$

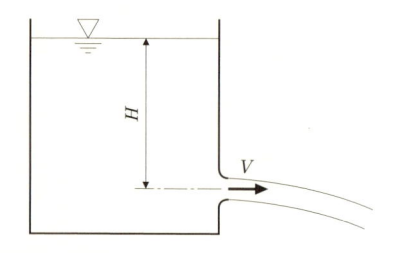

図 9.1 容器側壁のノズルから噴出する液体

9.2 次元解析

上式における基本単位の数は 2 であるから，次元的に独立な物理量の数も 2 ($k = 2$) であることがわかる．したがって，現象を支配する無次元数の数は $n - k = 3 - 2 = 1$ と求められ，式 (9.4) は $\phi(\pi) = 0$ すなわち $\pi = $ 一定となる．次元的に独立な物理量の数は 2 であるから，それを H, g にとると，残りの物理量 V の次元は，これらを使って表すことができるので

$$\pi = V H^\alpha g^\beta \tag{9.7}$$

と書ける．上式 (9.7) の両辺はともに無次元であるから，L, T のいずれについてもその次元式の指数部は 0 でなければならないので

$$\left. \begin{array}{l} L: \ 0 = 1 + \alpha + \beta \\ T: \ 0 = -1 + 0 - 2\beta \end{array} \right\} \tag{9.8}$$

この式を解くと $\alpha = \beta = -1/2$ となり，無次元数 π が次のように得られる．

$$\pi = V H^{-\frac{1}{2}} g^{-\frac{1}{2}} = \frac{V}{\sqrt{gH}} = C = \text{一定} \tag{9.9}$$

したがって，噴流の速度 V は次式で与えられる．

$$V = C\sqrt{gH} \tag{9.10}$$

第 4 章で説明したように，定数 C は理論的には $\sqrt{2}$ である．上述は理論的にも求められるわかりやすい例として取り上げたが，実験的にしか調べる方法がないときに次元解析は威力を発揮する．仮に実験によってしか式 (9.10) の C を求めることができない場合には，H を変えて V を測定すればよい．このように次元を調べることにより，任意の物理量は互いに独立な基本量の組み合わせとして表すことができる．

なお次元解析に当たっては，現象に関わる物理量だけを考察の対象にしなければならない．必要な物理量を落としたり，逆に無関係なものを加えたりすると有用な結果を得ることは難しい．

例題 9.1 一様流中に置かれた球に働く抗力を次元解析から求めよ（図 9.2）．ここで流体は非圧縮とする．

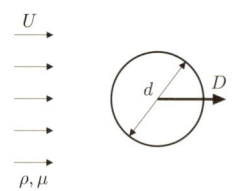

図 9.2 一様流中の球の抗力

(**解**) 現象に関与する物理量としては，抗力 D，球の直径 d，一様流速 U のほか流体の密度 ρ と粘度 μ の 5 つがあげられる．それぞれの次元式は

$$\left.\begin{aligned}
[D] &= [LMT^{-2}] \\
[d] &= [L] \\
[U] &= [LT^{-1}] \\
[\rho] &= [L^{-3}M] \\
[\mu] &= [L^{-1}MT^{-1}]
\end{aligned}\right\} \tag{9.11}$$

上式における基本単位の数から次元的に独立な物理量の数は 3 であることがわかり，無次元数の数は $n-k=5-3=2$ となる．したがって，この現象を記述する式は $\phi(\pi_1,\pi_2)=0$ または $\pi_1=\varphi(\pi_2)$ と書くことができる．次元的に独立な物理量 3 個を d, U, ρ にとり，$\pi_1 = Dd^\alpha U^\beta \rho^\gamma$ とおくと，次元式から

$$\left.\begin{aligned}
L &: \quad 0 = 1 + \alpha + \beta - 3\gamma \\
M &: \quad 0 = 1 + 0 + 0 + \gamma \\
T &: \quad 0 = -2 + 0 - \beta + 0
\end{aligned}\right\} \tag{9.12}$$

これを解くことにより，$\alpha=-2, \beta=-2, \gamma=-1$ が得られるので

$$\pi_1 = \frac{D}{d^2 U^2 \rho} \tag{9.13}$$

もう 1 つの無次元数を $\pi_2 = \mu d^\alpha U^\beta \rho^\gamma$ とおくと

$$\left.\begin{aligned}
L &: \quad 0 = -1 + \alpha + \beta - 3\gamma \\
M &: \quad 0 = 1 + 0 + 0 + \gamma \\
T &: \quad 0 = -1 + 0 - \beta + 0
\end{aligned}\right\} \tag{9.14}$$

上式から α, β, γ を求めると，$\alpha=\beta=\gamma=-1$ となるので

$$\pi_2 = \frac{\mu}{dU\rho} \tag{9.15}$$

したがって
$$\frac{D}{d^2 U^2 \rho} = \varphi(\frac{\mu}{dU\rho})$$

変形して，抗力 D を求めると

$$D = \varphi(\frac{\mu}{dU\rho})d^2 U^2 \rho = \varphi(\frac{1}{Re})d^2 U^2 \rho = C_D \frac{1}{2}\rho U^2 A \qquad (9.16)$$

ここで $C_D = (8/\pi) \cdot \varphi(1/Re)$, $A = (\pi/4)d^2$ であり，抗力の無次元値である抗力係数 C_D はレイノルズ数 Re の関数であることが示される．

9.3 流れの相似性

　実際の流れは非常に複雑であり，これを解析するためには実験に頼らざるを得ないことが多い．このとき自動車における実車風洞のように実物で実験することもあるが，航空機，船舶，あるいは高層建築物まわりの流れのように実物では大き過ぎて実験が不可能なことがしばしばある．このような場合には実物より小さな模型を用いて実験することになる．模型実験を行うには，模型と実物の間で満足すべき条件があり，この条件を相似則と呼ぶ．相似則が成立する限り，流体の種類は問わない．空気，水のいずれを用いるかは実験の容易さから決めればよく，たとえば実物では空気の流れであっても，模型実験では水を用いても構わないのである．実際には相似則を完全に満足することは困難なことが多く，このような場合には支配的な影響をもつ量を優先して実験を行う．

　模型実験において，模型と実物の間で満足されなければならない条件は幾何学的相似，運動学的相似および力学的相似の3つである．

9.3.1 幾何学的相似

　模型 (model) と**実物** (proto type) の形状は同一でなければならない．したがって長さを l として模型には添字 m を，実物には添字 p を付けて表すと，l_m と l_p の比 L_r は対応するすべての部分で一定である．

$$L_r = \frac{l_m}{l_p} = 一定 \qquad (9.17)$$

9.3.2 運動学的相似

模型と実物の対応する流線が幾何学的に相似でなければならない．このためには対応するすべての点において模型と実物の流速の比 V_r が一定であること，また流体と物体の境界も流線の1つと考えられるので，物体形状は幾何学的に相似であることが求められる．

$$V_r = \frac{v_m}{v_p} = 一定 \tag{9.18}$$

9.3.3 力学的相似

流体の運動に関係する力には慣性力，粘性力，圧力による力，重力，表面張力，弾性力などがある．これら個々の力の比が模型と実物で一致するとき，力学的相似条件が成り立つという．力学的相似条件が満足される場合，個々の力の中から任意の2つを取り出して求めた力の比は，模型と実物で同一となる．この力の比は次元解析から求められる無次元数の中にも現れる．流体運動に関わる力の比を表す無次元数のうち，代表的なものを以下に説明する．ここで L および U はそれぞれ流れ場における代表長さ，代表速度を表す．

A　レイノルズ数

$$Re = \frac{UL}{\nu} = \frac{慣性力}{粘性力} \tag{9.19}$$

損失，抗力，流れの遷移（層流，乱流）などに関連する重要なパラメータである．

B　オイラー数

$$Eu = \frac{p}{\rho U^2} = \frac{圧力による力}{慣性力} \tag{9.20}$$

管摩擦係数，圧力係数，キャビテーション係数はオイラー数の一種である．

C フルード数

$$Fr = \frac{U}{\sqrt{gL}} = \sqrt{\frac{慣性力}{重力}} \tag{9.21}$$

自由表面をもつ流れなどのように密度の不連続面があるとき，重力が大きな影響を及ぼす．船舶が進むときできる波の抵抗（造波抵抗）と密接な関係がある．

D ウエーバ数

$$We = U\sqrt{\frac{\rho L}{\sigma}} = \sqrt{\frac{慣性力}{表面張力}} \tag{9.22}$$

ディーゼルエンジンにおける燃料噴射のような液体の微粒化現象では，表面張力が大きな役割を果たす．このときに考慮しなければならないパラメータである．

E マッハ数

$$Ma = \frac{U}{a} = \sqrt{\frac{慣性力}{弾性力}} \tag{9.23}$$

流れが高速になると圧縮性の影響が現れる．マッハ数はその程度を表し，通常 $Ma > 0.3$ では圧縮性流体として扱われる．

F ストローハル数

$$St = \frac{fL}{U} = \sqrt{\frac{弾性力}{慣性力}} \tag{9.24}$$

流れの非定常性の強さを表し，カルマン渦の発生周波数はこのパラメータにより決定される．

演習問題

9.1 レイノルズ数は無次元であることを，次元を調べることにより示せ．

9.2 円管内の流れにおいて，壁面せん断応力 τ_0 を表す式として $\tau_0 = (\lambda/8)\mu V^2$ を得た．ここで λ：管摩擦係数，μ：流体の粘度，V：断面平均速度である．この式は誤りであることを，次元を調べることにより示せ．

9.3 一様流中に置かれた円柱から放出される渦の周波数を無次元化したストローハル数は，レイノルズ数の関数になることを次元解析により示せ．

9.4 10 ℃の大気中を時速 80.0 km で走行する車の抗力（空気抵抗）を模型実験により調べたい．模型は実物の 1/10 の大きさで，実験は水温が 20 ℃の回流水槽で行うものとする．
 (1) 水の流速をいくらにすればよいか．
 (2) 水中における抗力が 530 N の場合，実車が大気中を走行するときの空気抵抗を求めよ．

10 流体運動の基礎式

前章までは主として流れを一次元的に取り扱い，ベルヌーイの定理および連続の式を適用することにより有用な結果を得ることができた．しかしこの方法では，たとえば物体まわりの流れの流線の形や物体表面上の圧力分布などを求めることはできない．流れは本来，物理法則に従って三次元の運動を行う．流体の圧縮生が無視できる流れでは，この物理法則は質量保存の法則とニュートンの運動の第2法則である．本章では，これらの法則から導かれる連続の式と運動方程式について式の誘導過程を示し，式の中に出てくる各項の意味について考えるが，解法については触れない．また流線に沿った運動方程式からベルヌーイの定理を導く．

10.1 流体運動の記述

流体の運動を調べるには，**ラグランジュ (Lagrange) の方法**と**オイラー (Euler) の方法**の2つがある．ラグランジュの方法では，質点の力学のように特定の流体粒子に着目して，その粒子がどのように運動していくかを追跡する．いま時刻 $t=0$ において位置 (x_0, y_0, z_0) にあった流体粒子が，任意の時刻 t には位置 (x, y, z) に移動するものとすると，x, y, z は初期位置 (x_0, y_0, z_0) と時間 t の関数となるので

$$\left.\begin{array}{l} x = x(x_0, y_0, z_0, t) \\ y = y(x_0, y_0, z_0, t) \\ z = z(x_0, y_0, z_0, t) \end{array}\right\} \tag{10.1}$$

1つの流体粒子については x_0, y_0, z_0 は一定であるから，粒子の速度 $\boldsymbol{V}(u, v, w)$ と加速度 $\boldsymbol{a}(a_x, a_y, a_z)$ は

$$u = \frac{\partial x}{\partial t}, \quad v = \frac{\partial y}{\partial t}, \quad w = \frac{\partial z}{\partial t} \tag{10.2}$$

$$a_x = \frac{\partial^2 x}{\partial t^2}, \quad a_y = \frac{\partial^2 y}{\partial t^2}, \quad a_z = \frac{\partial^2 z}{\partial t^2} \tag{10.3}$$

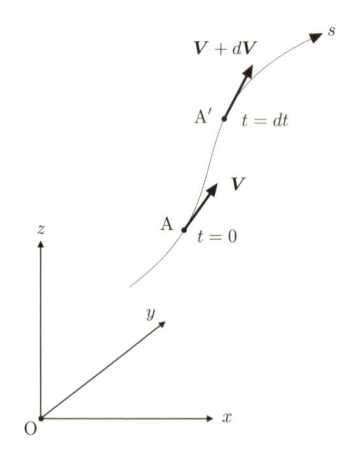

図 10.1 流体の加速度

と表される.

　一方,オイラーの方法では各流体粒子の運動は追跡せず,空間内の任意の一点に注目して,そこでの速度,圧力,密度などを座標 (x, y, z) と時間 t の関数として表示する.したがって速度は

$$\left. \begin{array}{l} u = u(x, y, z, t) \\ v = v(x, y, z, t) \\ w = w(x, y, z, t) \end{array} \right\} \tag{10.4}$$

と表される.いま図 10.1 に示すように時刻 $t = 0$ のとき点 $A(x, y, z)$ にあった流体粒子が,dt 時間後に点 $A'(x + dx, y + dy, z + dz)$ に移動するものとすれば

$$dx = udt, \quad dy = vdt, \quad dz = wdt \tag{10.5}$$

の関係がある.また速度については,x 方向の速度変化 du は次式で与えられる.

$$\begin{aligned} du &= u(x + dx, y + dy, z + dz, t + dt) - u(x, y, z, t) \\ &= \frac{\partial u}{\partial x}dx + \frac{\partial u}{\partial y}dy + \frac{\partial u}{\partial z}dz + \frac{\partial u}{\partial t}dt \end{aligned} \tag{10.6}$$

したがって,流体粒子の x 方向の加速度 a_x は,式 (10.5) と式 (10.6) から

$$a_x = \frac{du}{dt} = \underbrace{\frac{\partial u}{\partial t}}_{\text{局所加速度}} + \underbrace{u\frac{\partial u}{\partial x} + v\frac{\partial u}{\partial y} + w\frac{\partial u}{\partial z}}_{\text{対流加速度}} \tag{10.7}$$

と書くことができる．式 (10.7) の右辺第 1 項は，u が時間的に変化するために生じる加速度を，第 2 項以下は流体粒子が時間とともに位置を変えるために生じる加速度を表し，それぞれ局所加速度項または非定常加速度項，対流加速度項という．このように加速度は，単に速度の時間微分ではないことに注意する必要がある．

同様にして y, z 方向の加速度 a_y, a_z は，次式で与えられる．

$$a_y = \frac{dv}{dt} = \frac{\partial v}{\partial t} + u\frac{\partial v}{\partial x} + v\frac{\partial v}{\partial y} + w\frac{\partial v}{\partial z} \tag{10.8}$$

$$a_z = \frac{dw}{dt} = \frac{\partial w}{\partial t} + u\frac{\partial w}{\partial x} + v\frac{\partial w}{\partial y} + w\frac{\partial w}{\partial z} \tag{10.9}$$

ここで

$$\frac{D}{Dt} = \frac{\partial}{\partial t} + u\frac{\partial}{\partial x} + v\frac{\partial}{\partial y} + w\frac{\partial}{\partial z} \tag{10.10}$$

と書くことにすると，式 (10.7)〜(10.9) は

$$a_x = \frac{Du}{Dt}, \quad a_y = \frac{Dv}{Dt}, \quad a_z = \frac{Dw}{Dt} \tag{10.11}$$

と表すことができる．微分演算子 D/Dt は流れに沿う時間変化を表す微分で，実質微分という．一般に，オイラーの方法はラグランジュの方法より便利なことが多く，以下においてもこの方法を用いることにする．

10.2 連続の式

図 10.2 に示すように，空間内の一点 (x, y, z) において 3 辺の長さが dx, dy, dz の微小直方体を想定し，各面からの質量の出入りを考える．流体の密度 ρ は一定とする．まず x 方向に注目すると，面 ABCD を通って dt 時間に流入する質量は $\rho u dy dz dt$ であり，面 A'B'C'D' から流出する質量は $\rho[u + (\partial u/\partial x)dx]dydzdt$ である．したがって，流体の運動による質量の増加量は

$$\rho u dy dz dt - \rho\left(u + \frac{\partial u}{\partial x}dx\right)dydzdt = -\rho\frac{\partial u}{\partial x}dxdydzdt$$

である．同様に y 方向および z 方向についても質量の増加量を求めると，質量

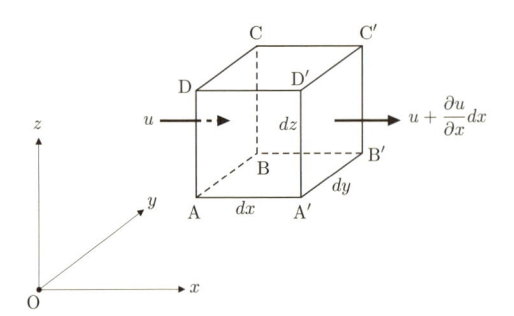

図 10.2　微小流体粒子を出入りする流体

保存の法則から，これらの総和は 0 でなければならないから

$$-\rho\frac{\partial u}{\partial x}dxdydzdt - \rho\frac{\partial v}{\partial y}dxdydzdt - \rho\frac{\partial w}{\partial z}dxdydzdt = 0$$

すなわち

$$\frac{\partial u}{\partial x} + \frac{\partial v}{\partial y} + \frac{\partial w}{\partial z} = 0 \tag{10.12}$$

上式が**連続の式** (continuity equation) であり，流れが定常，非定常にかかわらず成立する．

10.3　運動方程式

図 10.3 のように，空間内の一点 (x, y, z) において 3 辺の長さが dx, dy, dz の微小直方体の流体に作用する力の釣り合いを考える．流体の粘性は無視できるものとして，まず x 方向の力を求める．面 ABCD に作用する圧力を p とすれば，それによる力は $pdydz$ であり，対向する面 A′B′C′D′ には

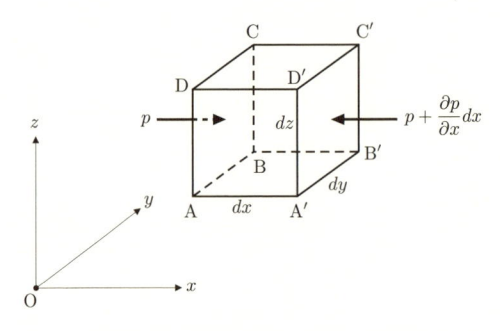

図 10.3　微小流体粒子に作用する力

$[p + (\partial p/\partial x)dx]dydz$ の力が作用する．したがって圧力による力の x 成分は，$pdydz - [p + (\partial p/\partial x)dx]dydz = -(\partial p/\partial x)dxdydz$ である．また，単位質量の流体に作用する外力の x 成分を X とすると，これによる力は $\rho X dxdydz$ である．したがって加速度に式 (10.11) を用い，ニュートンの運動の第 2 法則すなわち (質量) × (加速度) = (力) の関係を微小直方体内の流体に適用すると，x 方向に関し次式が成立する．

$$\underbrace{\rho dxdydz}_{\text{質量}} \underbrace{\frac{Du}{Dt}}_{\text{加速度}} = \underbrace{\rho X dxdydz}_{\text{外力}} - \underbrace{\frac{\partial p}{\partial x}dxdydz}_{\text{圧力による力}}$$

同様な関係が y 方向および z 方向についても求められ，各式の両辺を $\rho dxdydz$ で割ると次式が得られる．

$$\left. \begin{aligned} \frac{Du}{Dt} &= X - \frac{1}{\rho}\frac{\partial p}{\partial x} \\ \frac{Dv}{Dt} &= Y - \frac{1}{\rho}\frac{\partial p}{\partial y} \\ \frac{Dw}{Dt} &= Z - \frac{1}{\rho}\frac{\partial p}{\partial z} \end{aligned} \right\} \quad (10.13)$$

ここで Y および Z はそれぞれ外力の y, z 成分である．

上式 (10.13) は**オイラーの運動方程式** (Euler's equation of motion) と呼ばれ，流体の粘性が無視できれば圧縮性の有無にかかわらず成立する．この式の左辺を慣性項，右辺の第 1 項を体積力項，第 2 項を圧力項という．体積力は重力や電磁力のように物質そのものに作用する力であり，本書で扱う範囲では重力だけを考慮すればよい．この場合，鉛直方向に z 軸（上向きを正）をとると，$X = 0, Y = 0, Z = -g$ である．また静止状態では式 (10.13) の第 3 式の左辺は 0 であるから，このときの圧力を p_s とすると

$$Z - \frac{1}{\rho}\frac{\partial p_s}{\partial z} = 0$$

である．したがって，圧力を

$$p = p_s + p' \quad (10.14)$$

と表すと，式 (10.13) の第 3 式の右辺は

$$Z - \frac{1}{\rho}\frac{\partial p}{\partial z} = Z - \frac{1}{\rho}\frac{\partial (p_s + p')}{\partial z} = -\frac{1}{\rho}\frac{\partial p'}{\partial z}$$

となり，体積力の項は見かけ上なくなる．以上のことは座標軸のとり方によらず成立するので，圧力として静止時の圧力からの偏差をとることにより運動方程式から体積力の項を取り去ることができる．

非圧縮流に対しては，連続の式 (10.12) と運動方程式 (10.13) から適当な境界条件のもとで，未知量 u, v, w および p を決定することができる．

以上では流体の粘性を無視して運動方程式を導いたが，これを考慮した式は非圧縮性流体の場合，結果のみを示すと次のようになる．

$$\left.\begin{aligned}
\frac{Du}{Dt} &= X - \frac{1}{\rho}\frac{\partial p}{\partial x} + \nu\left(\frac{\partial^2 u}{\partial x^2} + \frac{\partial^2 u}{\partial y^2} + \frac{\partial^2 u}{\partial z^2}\right) \\
\frac{Dv}{Dt} &= Y - \frac{1}{\rho}\frac{\partial p}{\partial y} + \nu\left(\frac{\partial^2 v}{\partial x^2} + \frac{\partial^2 v}{\partial y^2} + \frac{\partial^2 v}{\partial z^2}\right) \\
\frac{Dw}{Dt} &= Z - \frac{1}{\rho}\frac{\partial p}{\partial z} + \nu\left(\frac{\partial^2 w}{\partial x^2} + \frac{\partial^2 w}{\partial y^2} + \frac{\partial^2 w}{\partial z^2}\right)
\end{aligned}\right\} \quad (10.15)$$

ここで ν は動粘度であり，オイラーの運動方程式 (10.13) と比較してわかるように，流体の粘性の影響を考慮すると，右辺第 3 項（粘性項）が新たに加わる．上式 (10.15) を**ナビエ・ストークスの方程式** (Navier-Stokes equation) という．

10.4 流線方向の運動方程式とベルヌーイの定理

流線方向の運動方程式は，式 (10.13) を流線方向に変換することによっても得られる．しかし式の変形が少し複雑になるので，ここでは流線上の流体の微小部分に直接ニュートンの運動の第 2 法則を適用して求めてみよう．

図 10.4 において断面①と②に挟まれた流体の微小部分に作用する力を考える．断面①に作用する圧力を p とすると，距離が ds だけ隔たった断面②における圧力は $p + (\partial p/\partial s)ds$ である．したがって，流体の微小部分の壁面にはその平均値 $p + (1/2)(\partial p/\partial s)ds$ が作用する．断面①の面積を A とすると断面②

10.4 流線方向の運動方程式とベルヌーイの定理

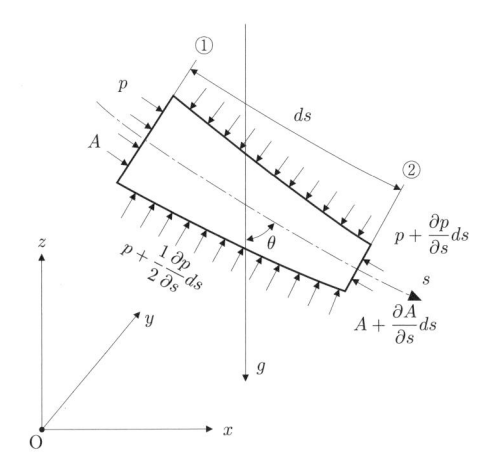

図 10.4 流線上の微小流体粒子

の面積は $A + (\partial A/\partial s)ds$ と表されるので，壁面に作用する圧力よる力の流線方向の成分は

$$\left(p + \frac{1}{2}\frac{\partial p}{\partial s}ds\right)\left(A + \frac{\partial A}{\partial s}ds - A\right) \approx p\frac{\partial A}{\partial s}ds$$

である．したがって，この力と断面①，②に作用する圧力による力の総和は

$$pA - \left(p + \frac{\partial p}{\partial s}ds\right)\left(A + \frac{\partial A}{\partial s}ds\right) + p\frac{\partial A}{\partial s}ds \approx -A\frac{\partial p}{\partial s}ds$$

である．また単位質量の流体に作用する外力を f とすると，微小部分の質量は $\rho A ds$ であるから外力は $\rho A ds \cdot f$ となる．流体の粘性が無視できれば流体の微小部分に作用する力は，以上の圧力による力と外力だけである．

一方式 (10.7) と同様に考えると，流体の微小部分には $\partial V/\partial t + V(\partial V/\partial s)$ の加速度が生じる．したがって，ニュートンの運動の第2法則から

$$\rho A ds \left(\frac{\partial V}{\partial t} + V\frac{\partial V}{\partial s}\right) = -A\frac{\partial p}{\partial s}ds + \rho A ds \cdot f$$

両辺を $\rho A ds$ で割って整理すると，次式が得られる．

$$\frac{\partial V}{\partial t} + V\frac{\partial V}{\partial s} = -\frac{1}{\rho}\frac{\partial p}{\partial s} + f \tag{10.16}$$

上式が流線に沿って立てたオイラーの運動方程式である．

外力として重力だけを考慮すればよい場合，鉛直方向に z 軸（上向きを正）をとり，この z 軸と流線のなす角を θ とすると

$$f = g\cos\theta = -g\frac{dz}{ds}$$

の関係があるので，式 (10.6) は

$$\frac{\partial V}{\partial t} + V\frac{\partial V}{\partial s} = -\frac{1}{\rho}\frac{\partial p}{\partial s} - g\frac{dz}{ds} \qquad (10.17)$$

したがって

$$\frac{\partial V}{\partial t} + \frac{\partial}{\partial s}\left(\frac{V^2}{2}\right) + \frac{1}{\rho}\frac{\partial p}{\partial s} + g\frac{dz}{ds} = 0 \qquad (10.18)$$

上式を s に沿って積分すると

$$\int \frac{\partial V}{\partial t}ds + \frac{V^2}{2} + \int \frac{1}{\rho}\frac{\partial p}{\partial s}ds + gz = C(t) = 一定 \qquad (10.19)$$

ここで $C(t)$ は時間 t の関数であるが，定常流の場合は $\partial V/\partial t = 0$, $\partial p/\partial s = dp/ds$ であるから，式 (10.19) は

$$\frac{V^2}{2} + \int \frac{dp}{\rho} + gz = C = 一定 \qquad (10.20)$$

さらに非圧縮流の場合には $\rho = 一定$ であるから，上式は次のように書くことができる．

$$\frac{V^2}{2} + \frac{p}{\rho} + gz = C = 一定 \qquad (10.21)$$

上述の式 (10.19)～(10.21) をベルヌーイの定理という．式 (10.21) は，4.2 節で説明した式 (4.9) と一致する．このようにベルヌーイの定理は，その誘導過程からも明らかなように流線に沿って成立するものであり，一般に流線が異なれば定数 C は異なった値をとる．

例題 10.1 定常，圧縮性流体に対するベルヌーイの定理を次の各場合について導け．(1) 等温変化　(2) 断熱変化

(解) (1) $p/\rho = RT = C_1$ より $\rho = p/C_1$．したがって

$$\int \frac{dp}{\rho} = C_1 \int \frac{dp}{p} = C_1 \ln p + C_2 = \frac{p}{\rho}\ln p + C_2$$

となり，式 (10.20) は

$$\frac{V^2}{2} + \frac{p}{\rho}\ln p + gz = C = 一定 \quad \left(\frac{p}{\rho} = 一定\right)$$

(2)　$p/\rho^\kappa = C_1$ より $\rho = p^{1/\kappa}/C_1^{1/\kappa}$ （ここで κ：比熱比）．したがって

$$\int \frac{dp}{\rho} = C_1^{\frac{1}{\kappa}} \int p^{-\frac{1}{\kappa}} dp = C_1^{\frac{1}{\kappa}} \frac{\kappa}{\kappa-1} p^{\frac{\kappa-1}{\kappa}} + C_2 = \frac{\kappa}{\kappa-1}\frac{p}{\rho} + C_2$$

となり，式 (10.20) は

$$\frac{V^2}{2} + \frac{\kappa}{\kappa-1}\frac{p}{\rho} + gz = C = 一定 \quad \left(\frac{p}{\rho^\kappa} = 一定\right)$$

11 流体機械

　流体機械はポンプやタービンなど日常生活に不可欠の機械であり，われわれの豊かな生活を支えている．これらの機械は流体工学の基本原理に基づいて設計，製作されている．本章では流体にいかにエネルギーが伝えられるか，また流体のエネルギーをどのように効率よく引き出すかについて考える．

11.1　流体機械の分類と特徴

　流体機械 (fluid machinery) は，流体と機械との間でエネルギーの授受を行う機械類の総称である．扱う流体には水，空気をはじめ各種の液体や気体があり，機械としては，ポンプ，送風機，水車はもちろん，広義に解釈すれば，熱関係分野の蒸気タービンやガスタービンなども流体機械である．

　流体機械はその使用目的，扱う流体の種類，あるいは設置される場所などに応じて多数の分類方法があるが，代表的なものとして次の2つがある．

　第1はエネルギー授受の方向に基づくもので，**原動機** (hydraulic prime mover)，**被動機** (pumping machinery) および**流体伝動装置** (hydraulic transmission) に分類する方法である．原動機とは流体の有するエネルギーを機械エネルギーに変換するもので，いわゆるタービン機械である．被動機は機械により流体のエネルギーを高めるもので，ポンプ，送風機などのポンプ機械である．流体伝動装置はトルクコンバータのように，原動機と被動機が組み合わされたもので，油圧伝動装置もこれに属する．一般にタービン機械は流動方向に向かって圧力が低下するのに対し，ポンプ機械は逆に流動方向に圧力が上昇する．このため圧力が連続的に低下するタービン機械の方がポンプ機械よりも流れ状態が滑らかで，逆流も生じにくく高い効率が得られやすい．

　第2の分類は流体とのエネルギー授受の際に作用する力の違いによるもので，**容積形流体機械** (positive-displacement machinery) と**ターボ形流体機械**

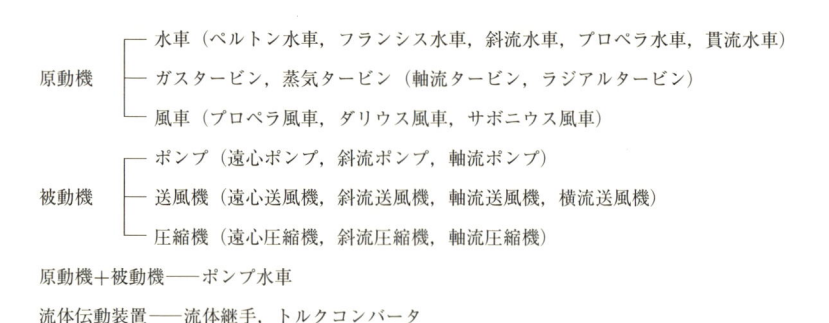

```
          ┌─ 水車（ペルトン水車，フランシス水車，斜流水車，プロペラ水車，貫流水車）
     原動機 ┼─ ガスタービン，蒸気タービン（軸流タービン，ラジアルタービン）
          └─ 風車（プロペラ風車，ダリウス風車，サボニウス風車）

          ┌─ ポンプ（遠心ポンプ，斜流ポンプ，軸流ポンプ）
     被動機 ┼─ 送風機（遠心送風機，斜流送風機，軸流送風機，横流送風機）
          └─ 圧縮機（遠心圧縮機，斜流圧縮機，軸流圧縮機）

原動機＋被動機──ポンプ水車
流体伝動装置──流体継手，トルクコンバータ
```

図 11.1 ターボ機械の分類

(turbomachinery) に分類できる．前者は流体を限られた空間内に閉じ込めて圧縮し，高圧の流体側に押し出すことによりエネルギー授受を行うもので，流動は周期的に脈動する．後者は流動の慣性力を利用するもので，羽根車を用いて流れの角運動量変化によりエネルギー授受を行い，流れは連続的である．図 11.1 にターボ機械の分類例を示す．

なお，上記の分類に入れることが困難な特殊な作動様式の流体機械もある．

11.2 比速度と羽根車形状

機械の特性を表示したり，与えられた条件から最適な形式を選ぶ基準として基本量から構成される無次元パラメータが用いられる．次元解析の手法を用いると，流体の密度 ρ，羽根車の外径 D，回転速度 n，体積流量 Q，ヘッド H，動力 L から次の無次元数すなわち流量係数 ϕ，圧力係数 ψ，軸動力係数 μ が得られる．

$$\left.\begin{aligned}\phi &= Q/nD^3 \\ \psi &= gH/(nD)^2 \\ \mu &= L/\rho n^3 D^5\end{aligned}\right\} \tag{11.1}$$

ポンプや送風機では，羽根車出口の周速度 U と出口面積 A を用いて，次の形で表すこともある．

11.2 比速度と羽根車形状

$$\left.\begin{array}{l} \phi = Q/AU \\ \psi = gH/U^2 \quad {}^{*1} \\ \mu = L/\rho AU^3 \end{array}\right\} \tag{11.2}$$

流体機械の性能は流体の粘性と圧縮性を無視すると羽根車の出口と入口の速度の変化量で決定される．したがって大きさの異なる機械でも羽根車の形状が幾何学的に相似であれば，その性能は上述の無次元数を用いて表示すると同じ曲線で表される．

いま羽根車形状が相似な実物と模型の機械があるとき，それぞれの基本量に p, m の添字を付けて表す．無次元性能曲線上の対応した運転点において，流量係数は

$$\phi = [Q/nD^3]_p = [Q/nD^3]_m \tag{11.3}$$

圧力係数（ポンプの場合は揚程係数という）は

$$\psi = [gH/(nD)^2]_p = [gH/(nD)^2]_m \tag{11.4}$$

また軸動力係数は

$$\mu = [L/\rho n^3 D^5]_p = [L/\rho n^3 D^5]_m \tag{11.5}$$

式 (11.3) と式 (11.4) の 3/2 乗根の比をとると羽根車の外径 D が消去され，それを整理すると次の関係式が得られる．

$$[n^2 Q/(gH)^{3/2}]_p = [n^2 Q/(gH)^{3/2}]_m$$

ゆえに，羽根車の形状だけでなく羽根車の出口と入口における速度三角形も相似の場合

$$[nQ^{1/2}/(gH)^{3/4}]_p = [nQ^{1/2}/(gH)^{3/4}]_m \tag{11.6}$$

が成り立ち，この値を**比速度** (specific speed) と呼び次式で表す．

$$N_s = nQ^{1/2}/(gH)^{3/4} \tag{11.7}$$

---
^{*1} $\psi = 2gH/U^2$ と定義する場合もある．

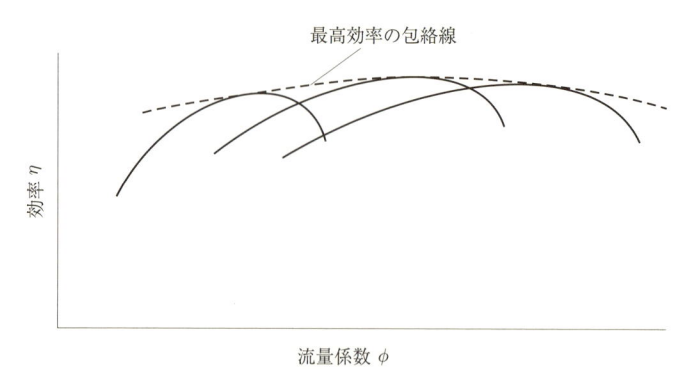

図 11.2 形式の異なるポンプの効率

　図 11.2 には横軸に流量係数 ϕ をとり，いろいろな形状のポンプの効率曲線を示す．形式が異なるとその最高効率を示す ϕ の値は異なり，一般に半径流（遠心）より斜流，軸流形のポンプの方が，より大きい ϕ の領域で最高効率を示す．それらの最高効率点での (Q, H, n) から式 (11.7) により比速度 N_s を計算すると，羽根車の形式に特有な N_s が求められる．したがってポンプの設計において最適な羽根形状を決定するには，与えられた条件 (Q, H, n) から求められる比速度 N_s において最高効率が最も大きな値を示す羽根車形状を選択することになる．

　式 (11.7) の N_s には重力加速度 g を含むが，一般にはこれを省略した値

$$n_s = nQ^{1/2}/H^{3/4} \quad [\mathrm{m, m^3/min, rpm}] \tag{11.8}$$

が用いられる．n_s は次元をもつので，式の末尾には上述のように用いた単位を示す必要がある．

　図 11.3 に，ポンプの羽根車断面形状と比速度 n_s の関係を示す．n_s が小さいとその形状は半径流形である．半径流形では羽根車の回転による遠心力を利用し，大きいヘッドが得られるが流量は小さい．ヘッド H が大きく流量 Q が小さければ n_s が小さくなることは，式 (11.8) からもわかる．さらに高いヘッドが要求される場合には多段式のポンプを用いることになる．一方流量が大きい場合には n_s の大きい機械が適しており，羽根車は軸流形になる．この場合はヘッドが小さいので圧縮機などでは多段の機械が使用される．

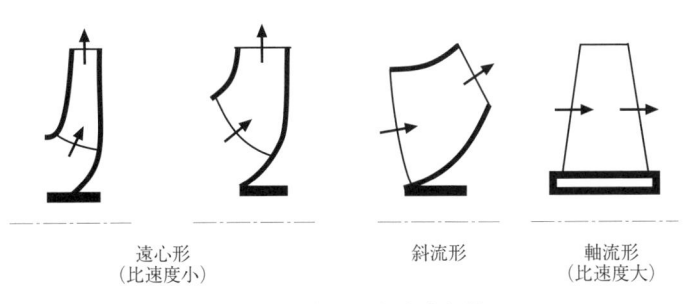

遠心形　　　　　　斜流形　　　　　軸流形
(比速度小)　　　　　　　　　　　　(比速度大)

図 11.3　比速度と羽根車断面形状

タービン機械では流量の代わりに出力 L の条件が与えられるので n, H および L を基本量として比速度は次のように定義される.

$$n_s = nL^{1/2}/H^{5/4} \quad [\text{m}, \text{kW}, \text{rpm}] \tag{11.9}$$

11.3　羽根車内の流れと羽根仕事

ポンプ機械において羽根車から流体へのエネルギー伝達量を考えよう. この大きさは一般に羽根仕事と呼ばれる. 実際の羽根車内の流れは, 流体の粘性や流路の形状の変化などによってきわめて複雑である. しかしここでは図 11.4 のような羽根車において流体の粘性を無視し, 羽根車内で流体の描く流線はすべて合同, すなわち厚みのない無限枚数の羽根によって流れが誘導されていると仮定する. 羽根数が無限大の場合には, 流体は羽根車に流入する直前と直後および羽根車から流出する直前と直後で速度の変化はないので, 各変数に次の添字を付けてその位置を表すこととする.

　添字 1：羽根車入口
　添字 2：羽根車出口

回転している羽根車内の流れを考える場合, 図に示すような次の3つの速度成分が考えられる.

(1) 相対速度成分 w：羽根車に固定した座標系から見た速度
(2) 絶対速度成分 c：静止系から見た速度
(3) 周速度成分 u：各半径位置での羽根車の周速度

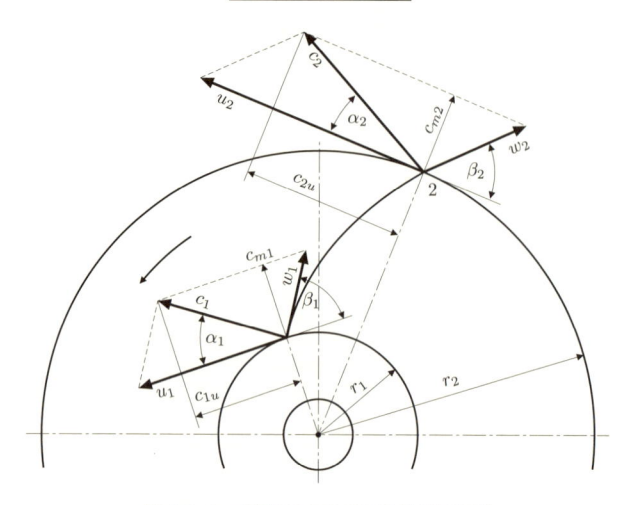

図 11.4 羽根車入口と出口の速度三角形

これらの3つの速度ベクトルは羽根車内の各点で図のような三角形を形成する．これを速度三角形と呼ぶ．ここで絶対速度成分が周速度成分となす角を α，相対速度成分が周速度成分となす角（羽根角度に等しい）を β とする．羽根車を通過する流量を Q とすると，その質量流量は ρQ である．羽根車の半径を r とし単位時間当たりについて考えると，この流体が羽根車流入直前にもっている角運動量は $\rho Q r_1 c_1 \cos\alpha_1$，出口直後における角運動量は $\rho Q r_2 c_2 \cos\alpha_2$ であるから，角運動量変化は $\rho Q(r_2 c_2 \cos\alpha_2 - r_1 c_1 \cos\alpha_1)$ である．第5章で述べた角運動量法則から，これは羽根車から与えられたモーメント（トルク）M に等しいので

$$M = \rho Q(r_2 c_2 \cos\alpha_2 - r_1 c_1 \cos\alpha_1) \tag{11.10}$$

ここで $c_2 \cos\alpha_2$，$c_1 \cos\alpha_1$ は，それぞれ羽根車の出口と入口における絶対速度の周方向成分を表しているので

$$c_2 \cos\alpha_2 = c_{2u}, \quad c_1 \cos\alpha_1 = c_{1u}$$

と書くと，式 (11.10) は

$$M = \rho Q(r_2 c_{2u} - r_1 c_{1u}) \tag{11.11}$$

11.3 羽根車内の流れと羽根仕事

羽根車はこのトルク M を与えながら角速度 ω で回転しているので，軸から伝えられる羽根仕事 E は

$$E = M\omega = \rho Q(r_2 \omega c_{2u} - r_1 \omega c_{1u}) = \rho Q(u_2 c_{2u} - u_1 c_{1u}) \tag{11.12}$$

羽根車が単位質量の流体に与えるエネルギーを，比エネルギー Y で表すと

$$Y = E/\rho Q = u_2 c_{2u} - u_1 c_{1u} \tag{11.13}$$

一般にポンプや水車などでは，比エネルギー Y を重力加速度 g で割ったヘッド H（単位は m）を用いる．

$$H_{th\infty} = Y_{th\infty}/g = (u_2 c_{2u} - u_1 c_{1u})/g \tag{11.14}$$

ここで H の添字 th は損失を無視した理論値，添字 ∞ は羽根枚数無限大を仮定していることを意味する．この値を羽根車の理論ヘッドまたは**オイラーヘッド** (Euler's head) と呼ぶ．この関係式は流体の種類，羽根車の形状に無関係であり，ポンプのほか水車にも，また羽根車が半径流形だけでなく軸流形の機械にも適用できる．羽根車の入口と出口の速度三角形において，余弦定理を用いると

$$H_{th\infty} = (c_2^2 - c_1^2)/2g + (u_2^2 - u_1^2)/2g + (w_1^2 - w_2^2)/2g \tag{11.15}$$

が得られる．右辺の第 1 項は流体の運動エネルギーの変化量，第 2 項は羽根車の回転による遠心力の作用で増えた圧力の変化量，第 3 項は羽根車内で生じる運動エネルギーから圧力エネルギーへの変化量を表す．

流体が旋回成分をもたずに羽根車に半径方向から流入するとき，絶対速度の周方向成分 c_{1u} は 0 であるから，式 (11.14) は

$$H_{th\infty} = u_2 c_{2u}/g \tag{11.16}$$

となる．羽根車出口の速度三角形から $c_{2u} = u_2 - w_2 \cos\beta_2$ であるから

$$H_{th\infty} = u_2(u_2 - w_2 \cos\beta_2)/g \tag{11.17}$$

両辺を u_2^2/g で割って，無次元化すると

$$H_{th\infty}/(u_2^2/g) = 1 - (w_2/u_2)\cos\beta_2 \tag{11.18}$$

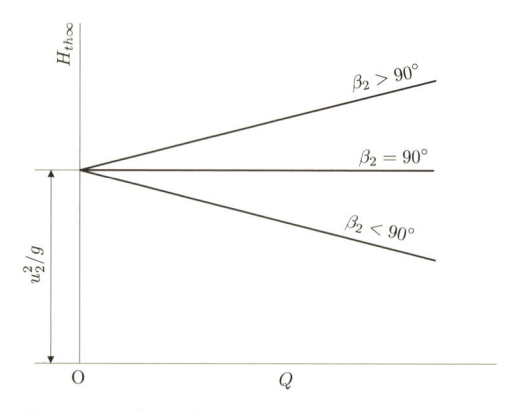

図 11.5 羽根出口角度 β_2 の違いによる $H_{th\infty}$ の変化

羽根車出口における速度の子午線方向速度成分を，c_{2m} とすれば

$$c_{2m} = w_2 \sin \beta_2 \tag{11.19}$$

であり，これは羽根車を通過する流量 Q に比例する．したがって，式 (11.18) は

$$H_{th\infty}/(u_2^2/g) = 1 - (c_{2m}/u_2) \cot \beta_2 \tag{11.20}$$

図 11.5 に，異なる出口角度 β_2 をもつ羽根車における流量 Q と理論ヘッド $H_{th\infty}/(u_2^2/g)$ の関係を示す．羽根車出口における羽根角度が前向き ($\beta_2 > 90°$) の場合，流量が増すとともに $H_{th\infty}/(u_2^2/g)$ も大きくなる．この場合，図 11.4 からわかるように出口で流体のもつ速度ヘッドが大きいので，ポンプや圧縮機などのように流体の圧力を上げる場合には下流側で減速装置（ディフューザ）が必要になる．速度ヘッドが大きいと流動損失が増大して機械の効率が悪くなるので，この形式はシロッコファンなど送風用を除くと一般には用いられない．また径向き羽根 ($\beta_2 = 90°$) では流量変化に対し，$H_{th\infty}/(u_2^2/g) = 1$ となる．$\beta_2 = 90°$ の羽根は，高速で回転する自動車のターボチャージャなど小形の圧縮機などで，遠心力に対する羽根の強度を保つために採用されることがある．しかし，一般に高効率のポンプや圧縮機では後向き羽根 ($\beta_2 < 90°$) が採用され，遠心形のポンプでは $\beta_2 = 20°\sim35°$，圧縮機では $\beta_2 = 45°$ 程度が用いられる．

11.4 流体機械の特性曲線

$\beta_2 < 90°$ の羽根車をもつポンプの流量とヘッドの関係を図 11.6 に示す．式 (11.20) で得られる理論ヘッド $H_{th\infty}$ は，流量 Q の増加とともに直線的に低下する．羽根枚数が有限の実際の羽根車では，流路内の圧力はコリオリ力の影響により羽根前面で高く，後面で低くなる．このため羽根車出口で流体は羽根後面の低圧側に回り込むので，流出角度 β_2' は出口の羽根角度 β_2 よりも小さくなる．この場合のポンプヘッド H_{th} は，流出角度の減少による絶対速度の周方向成分 c_{2u} の減少により，理論ヘッド $H_{th\infty}$ より小さくなる．流量が設計値（最高効率の流量）から外れると入口で滑らかに流入できず，羽根先端との衝突によって損失 h_s が生じる．また流路全域で流体の粘性による摩擦損失 h_f などが発生するため，実際の羽根ヘッド H はさらに低下する．

図 11.7(a), (b) に遠心羽根車内の流動状態を示す．図 (a) は，設計流量における流路中央での速度分布の実験と計算の結果を示す．入口直後は羽根後面の低圧側で流速が大きいが，出口に近づくにつれて内部で生じる二次流れにより羽根前面近くで速度が増加する．図 (b) は設計流量より小さい流量で運転した際の壁面近くの流れを調べるために，流路壁に油膜を塗布して流れを観察した

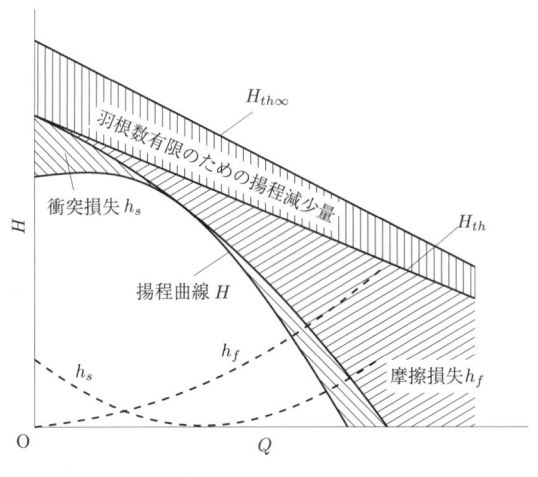

図 11.6 ポンプの揚程曲線

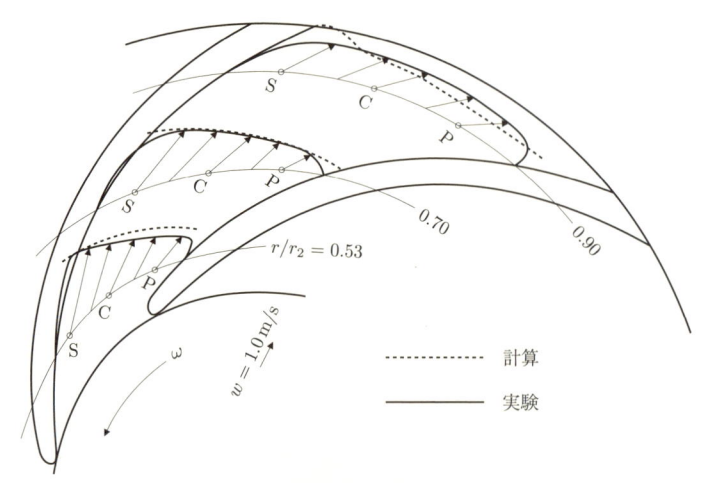

(a) 速度分布（設計流量）

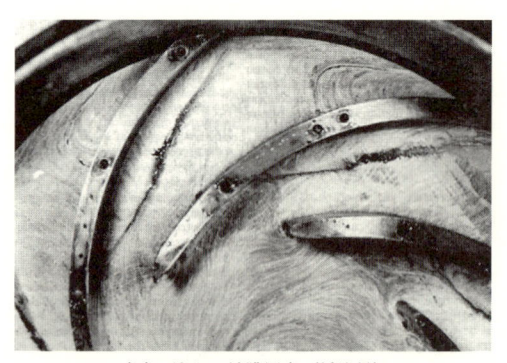

(b) 流れの油膜写真（低流量）

図 **11.7** 遠心羽根車内の流れ

結果である．壁面近くで流れは流路とほぼ垂直に高圧側から低圧側に向かい，低圧側の羽根後面に逆流領域が形成されている．

11.5　流体機械の損失と効率

図 11.8 にポンプ機械における軸動力の伝達と損失の関係を示す．原動機からの動力は軸を通して流体機械に伝達され，羽根車によって流体に伝えられる．

11.5 流体機械の損失と効率

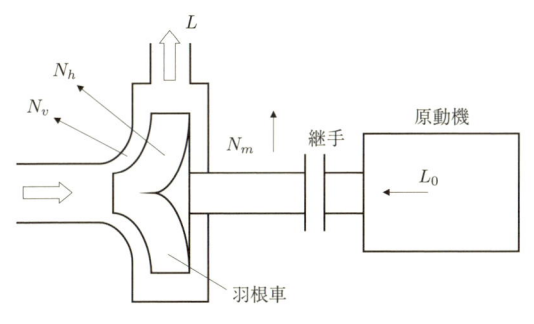

図 11.8 ポンプにおける動力と損失

原動機からの動力（軸動力）L_0 が羽根車に伝えられる間に，軸受やシール，さらに密閉されたケーシング内で羽根車が回転することによる円板摩擦などの機械損失 N_m が生じる．また一部の流体が羽根のすき間を通って高圧側から低圧側に逆流する漏れ損失 N_v，および流体の粘性による摩擦や羽根車入口での衝突などによる水力損失 N_h も生じる．したがって，最終的に流体に伝わる動力は

$$L = L_0 - (N_m + N_v + N_h) \tag{11.21}$$

となる．それぞれの効率を

機械効率： $\eta_m = (L_0 - N_m)/L_0$ (11.22)

容積効率： $\eta_v = (L_0 - N_m - N_v)/(L_0 - N_m)$ (11.23)

水力効率： $\eta_h = (L_0 - N_m - N_v - N_h)/(L_0 - N_m - N_v)$ (11.24)

とすると，全効率 η は

$$\eta = (L_0 - N_m - N_v - N_h)/L_0 = \eta_m \eta_v \eta_h \tag{11.25}$$

一方ポンプのヘッド（全揚程）を H，羽根車を通過する流量（吐出し量）を Q とすると，ポンプが流体になす単位時間当たりの仕事は $\rho g Q H$ と表される．これは $L_0 - N_m - N_v - N_h$ に等しいので，全効率は次式によっても与えられる．

$$\eta = \rho g Q H / L_0 \tag{11.26}$$

圧縮機など羽根車内で熱移動が生じる場合には，さらに圧縮のプロセスに伴うエネルギー損失が生じるので，圧縮効率を考慮しなければならない．

11.6 　軸流羽根車

軸流機械の羽根仕事も式 (11.14) で与えられる．流体は回転軸に平行に流入および流出するので，任意の半径上で $u_1 = u_2 = u$ であり，理論揚程は

$$H_{th\infty} = u(c_{2u} - c_{1u})/g = u(w_{1u} - w_{2u})/g \tag{11.27}$$

となる．この場合半径位置によって速度三角形の形状は異なるが，どの半径においてもヘッドが同じになるように羽根形状（翼形状）を決める必要がある．任意の半径の円筒面上の流れを円筒面で切断し，図 11.9 のように平面上に展開すると，翼が連続した展開図が得られる．これを**翼列** (cascade of airfoil) と呼ぶ．一般に，軸流機械では圧力上昇が小さいのでできるだけ流動損失を抑える

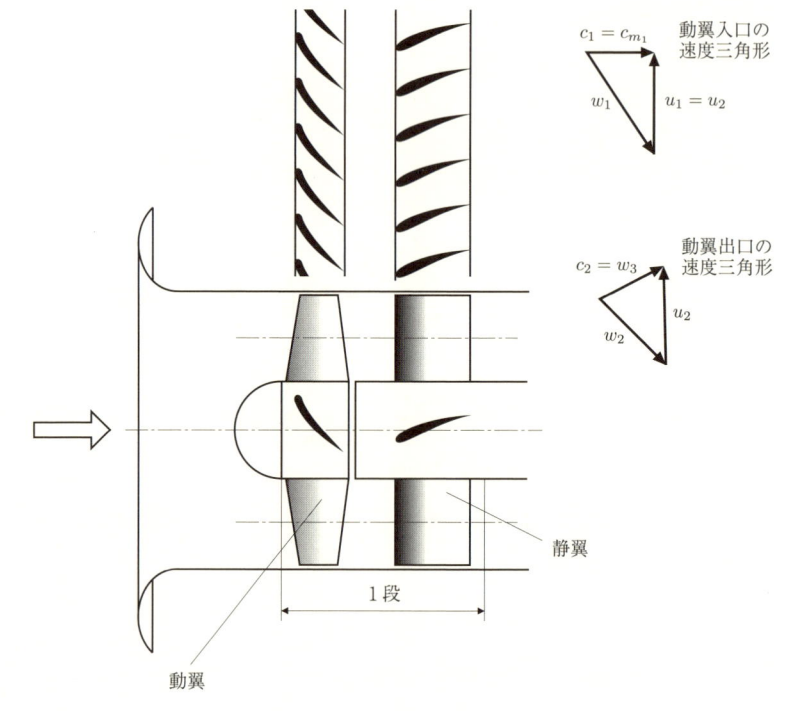

図 11.9　軸流機械の翼と翼列

必要がある．この翼の形状が性能に及ぼす影響は大きく，設計においては単独翼の揚力と抗力に関する既知のデータが利用される．

11.7 各種流体機械の特徴

11.7.1 ポンプ

図 11.10 において吸込側と吐出し側の水槽の液面高さの差を H_a $(=H_s+H_d)$ とすると，ポンプのヘッド（全揚程）は次式で与えられる．

$$H = H_a + h_s + h_d \tag{11.28}$$

ここで h_s, h_d はそれぞれ吸込管および吐出し管の損失ヘッドである．ポンプに接続されている管路では羽根車に流入する直前で最も圧力が低下し，ここでの圧力が水の飽和蒸気圧以下になると蒸気泡が発生する．このような現象を**キャビテーション** (cavitation) という．キャビテーションが発生すると流れの軸対称がくずれ，気泡は羽根と衝突する．また羽根車に流入直後に圧力が上昇

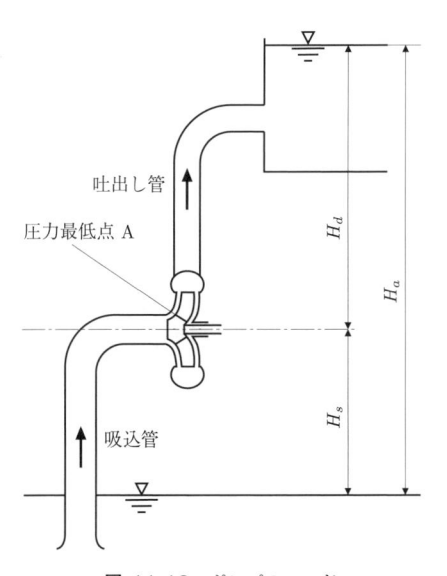

図 11.10 ポンプのヘッド

するので，気泡が崩壊し，その際きわめて高い圧力が生じる．このため騒音と振動が発生するだけでなくポンプの効率が低下し，羽根面がキャビテーションに繰り返し長時間曝されると表面が**壊食** (cavitation erosion) される．ポンプの運転ではキャビテーションの発生を避けることが重要であり，ロケット用ポンプでは羽根車の上流側にインデューサを設置して，羽根車内での発生を防ぐ（図 1.6 参照）．

ポンプ吸込側での条件を規定する量として，**有効吸込ヘッド $NPSH$** (net positive suction head) が用いられる．これは羽根車入口の最低圧力をとる位置での圧力ヘッド h_0 と速度ヘッド $c_1^2/2g$ の和から飽和蒸気圧のヘッド $p_v/\rho g$ を差し引いて表される．すなわち

$$NPSH = h_0 + c_1^2/2g - p_v/\rho g \tag{11.29}$$

キャビテーションが発生しないためには，この値がポンプに固有なある値より大きくなければならない．

11.7.2 ハイドロタービン（水車）

水車では，水が羽根車を通過する際に入口での圧力エネルギー（落差）が羽根車の運動エネルギーに変換されるが，その関係は式 (11.14) と同じである．ただし $u_2 c_{2u} < u_1 c_{1u}$ であるので

$$H_{hy} = (u_1 c_{1u} - u_2 c_{2u})/g \tag{11.30}$$

図 11.11 に，代表的な形状のフランシス水車の構造を示す．上流の貯水槽からの水が周方向に均一に流入するために，渦巻ケーシングと案内羽根が設けられる．また羽根車出口に取り付けられる管路は，流体の運動エネルギーをできるだけ圧力エネルギーに変換するためにディフューザになっており，吸出し管と呼ばれる．この吸出し管の性能が水車性能に大きな影響を及ぼす．水車にはこのほかにペルトン水車やプロペラ水車などの形式がある．前者は落差が大きく流量が小さい場合に，後者は落差が小さく流量が大きい場合に適している．

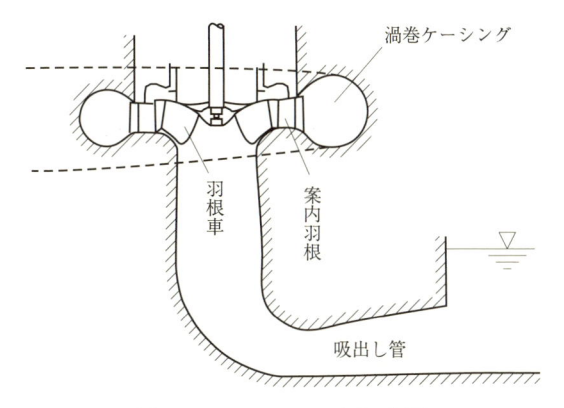

図 **11.11** フランシス水車の断面

11.7.3 送風機

気体を送る流体機械には**ファン** (fan), **ブロワ** (blower), **圧縮機** (compressor) があり，これらは圧力上昇の大きさで分類される．圧力上昇が約 10 kPa までのものはファン，それ以上で 100 kPa 程度までのものはブロワ，それ以上の圧力上昇を生じるものは圧縮機と呼ばれる．ファンとブロワを総称して送風機という．送風機や圧縮機の羽根車形状にはその条件に合わせて，半径流（遠心），斜流および軸流の各形式がある．圧縮機では高圧を得るため，一般に多段構造が採用される．さらに高い圧力を得るためには，容積形が用いられる．

11.7.4 ウィンドタービン（風車）

風車にはそれを覆うケーシングがない，いわゆるオープン形の流体機械である．大形風車にはプロペラ風車とダリウス風車があるが，いずれも翼に働く揚力が羽根車を回転させる．プロペラ風車の基本的な理論として，アクチュエータ・ディスク理論がある．

図 11.12 のような仮想の流管を考え，羽根面をアクチュエータ・ディスクで置き換える．風車上流の風速を U_0，下流の風速を U_3 とすると，ベルヌーイの定理と運動量法則から，ディスク面の風の通過速度 u は次式で与えられる．

$$u = \frac{U_0 + U_3}{2} \tag{11.31}$$

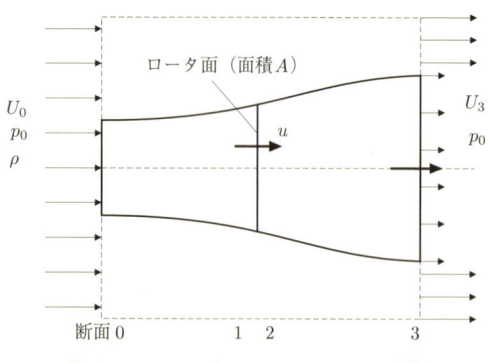

図 11.12 アクチュエータ・ディスク理論

したがって風車の受風面積を A とすると，風車の出力（有効に利用できる動力）L は

$$L = \rho A u \frac{U_0^2 - U_3^2}{2} \tag{11.32}$$

誘導係数 $a = (U_0 - u)/U_0$ をパラメータにして，L を表すと

$$L = \frac{1}{2}\rho A U_0^3 \cdot 4a(1-a)^2 \tag{11.33}$$

一方，風車がないときに面積 A を通過する風がもつ単位時間当たりの運動エネルギーは $(1/2)\rho A U_0^3$ である．したがって風車のパワー効率 C_p は，次式で与えられる．

$$C_p = L/(1/2)\rho A U_0^3 = 4a(1-a)^2 \tag{11.34}$$

上式において，C_p は $a = 1/3$ のとき最大値 $C_{p\max} = 0.593$ をとる．この値がベッツ (Betz) の限界と呼ばれるもので，理想的な最大出力である．実際の風車では $C_p = 0.4$ 程度の値である．

演習問題

11.1 図 11.13 に示すように，ポンプにより貯水池 A から貯水池 B まで水を送りたい．水位差を 53.0 m，ポンプ吸込管の直径と長さをそれぞれ 125 mm，3.50 m，吐出し管の直径と長さをそれぞれ 100 mm，12.5m とする．また直管部の管摩擦係数を 0.0150（レイノルズ数によらず一定），吸込管の入口，弁，ベンドお

よび吐出し管出口の損失係数をそれぞれ 0.50, 1.5, 0.35, 1.0 とする．管内を流れる水の流量が 0.0210 m³/s のとき，ポンプが必要とする全揚程を求めよ．

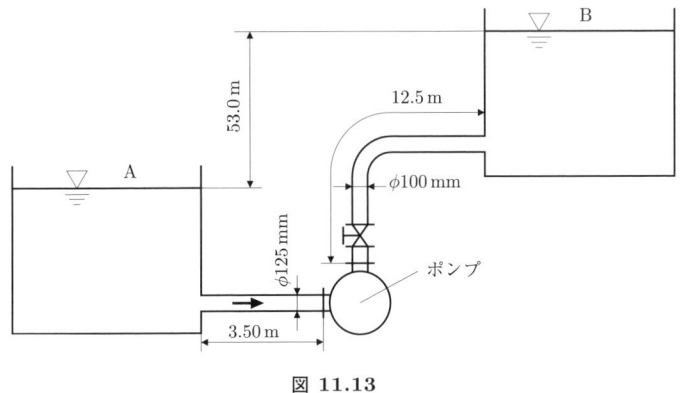

図 11.13

11.2 回転速度 1450 rpm でポンプの性能試験を行い，吐出し量 1.13 m³/min, 全揚程 20.4 m, トルク 32.2 N·m を得た．このポンプの全効率力を求めよ．

11.3 問題 11.2 のポンプを 1750 rpm で運転したときの，ポンプの吐出し量，全揚程，軸動力を求めよ．ただし回転速度が変わってもポンプ内部の流れは相似で，効率も変わらないものとする．

11.4 全揚程 6.30 m, 吐出し量 200 m³/min, 回転速度 350 rpm のポンプの比速度を求めよ．

演習問題解答

[第1章]

1.1 式 (1.3) より $\rho = s\rho_w = 1.03 \times 10^3 \,\mathrm{kg/m^3}$

1.2 式 (1.1) より $\rho = m/V = 2.95 \times 10^3/4.2 = 702 \,\mathrm{kg/m^3}$
式 (1.3) より $s = \rho/\rho_w = 702/10^3 = 0.702$

1.3 式 (1.6) より $\nu = \mu/\rho = 1.2 \times 10^{-3}/(0.965 \times 10^3) = 1.24 \times 10^{-6} \,\mathrm{m^2/s}$

1.4 式 (1.7) より
$$dV = -\frac{V dp}{K} = -\frac{0.15 \times 35 \times 10^6}{2.2 \times 10^9} = -2.39 \times 10^{-3} \,\mathrm{m^3} \,(\text{減少})$$

1.5 式 (1.9) より
$$\rho = \frac{p}{RT} = \frac{101.3 \times 10^3}{287 \times (273.15 + 18)} = 1.21 \,\mathrm{kg/m^3}$$

1.6 空気中の音速は式 (1.15) より，$a = \sqrt{\kappa RT}$ である．表 1.6 より $\kappa = 1.40$，$R = 287.03 \,\mathrm{J/kg \cdot K}$ であるから
$$a = \sqrt{\kappa RT} = \sqrt{1.4 \times 287.03 \times (273.15 + 20)} = 343 \,\mathrm{m/s}$$

水中の音速は式 (1.14) より，$a = \sqrt{K/\rho}$ である．表 1.1 より $\rho = 998.2 \,\mathrm{kg/m^3}$，表 1.5 より $K = 2.06 \,\mathrm{GPa} = 2.06 \times 10^9 \,\mathrm{Pa}$ であるから
$$a = \sqrt{\frac{k}{\rho}} = \sqrt{\frac{2.06 \times 10^9}{998.2}} = 1437 \,\mathrm{m/s}$$

1.7 半径 r の水滴の体積は $(4\pi/3)r^3$ であるから，合体後の水滴の半径を r_1，体積を V_1 とすると $V_1 = 2 \times (4\pi/3)r^3 = (4\pi/3)r_1^3$ である．したがって，合体前後の水滴の直径の比 D/D_1 は
$$D/D_1 = r/r_1 = (1/2)^{1/3} = 0.794$$

合体前と合体後の内部の圧力をそれぞれ p, p_1 とすれば，式 (1.20) より

$$\frac{p_1 - p_0}{p - p_0} = \frac{4\sigma/D_1}{4\sigma/D} = \frac{D}{D_1} = 0.794$$

〔第 2 章〕

2.1 気体では高さの差による圧力差は無視できるので $p_A = p_B = p_C = \rho g H$ より

$$H = \frac{p_A}{\rho g} = \frac{8 \times 10^3}{10^3 \times 9.81} = 0.815 \,\text{m}$$

2.2 点 A, B における圧力が等しいとおいて

$$p_g + s\rho_w g h_1 + \rho_w g(h_2 + h_3) = s'\rho_w g H$$

$$\therefore \quad p_g = \rho_w g[s'H - sh_1 - (h_2 + h_3)]$$
$$= 10^3 \times 9.81 \times [13.6 \times 0.25 - 0.85 \times 0.75 - (0.4 + 0.15)]$$
$$= 21.7 \times 10^3 \,\text{Pa} = 21.7 \,\text{kPa} \,(ゲージ圧)$$

絶対圧は $p_g = 21.7 \times 10^3 + 1013 \times 10^2 = 123 \times 10^3 \,\text{Pa} = 123 \,\text{kPa}$

2.3 点 C, D の圧力が等しいとおいて

$$p_A + \rho g(h_A - h_1) = p_B - \rho g(h_2 - h_B) + \rho' g(h_2 - h_1)$$

$$\therefore \quad \rho = \frac{p_B - p_A + \rho' g(h_2 - h_1)}{g(h_A - h_1 + h_2 - h_B)}$$
$$= \frac{-20 \times 10^3 - 40 \times 10^3 + 13.6 \times 10^3 \times 9.81 \times (0.75 - 0.25)}{9.81 \times (0.6 - 0.25 + 0.75 - 0.45)}$$
$$= 1.05 \times 10^3 \,\text{kg/m}^3$$

比重は $\quad s = \rho/\rho_w = 1.05$

2.4 圧力は

$$p = p_g + \rho g h = 25 \times 10^3 + 1.1 \times 10^3 \times 9.81 \times (4.5 - 0.5)$$
$$= 68.2 \times 10^3 \,\text{Pa} = 68.2 \,\text{kPa} \,(ゲージ圧)$$

全圧力は

$$F = p(\pi/4)d^2 = 68.2 \times 10^3 \times (\pi/4) \times 2.3^2 = 283 \times 10^3 \,\text{N} = 283 \,\text{kN}$$

2.5 重心の y 座標は $y_G = 1.2/\sin 60° + 2 \times 2/3 = 2.72\,\mathrm{m}$

重心の深さは $h_G = y_G \sin 60° = 2.36\,\mathrm{m}$

全圧力は $F = \rho g h_G A = 10^3 \times 9.81 \times 2.36 \times 1.5 \times 2/2 = 34.7 \times 10^3\,\mathrm{N} = 34.7\,\mathrm{kN}$

圧力の中心の y 座標は

$$y_C = \frac{I_G}{y_G A} + y_G = \frac{1.5 \times 2^3/36}{2.72 \times 1.5 \times 2/2} + 2.72 = 2.80\,\mathrm{m}$$

2.6 全圧力の水平成分は，面 AB の水平方向への投影図 A′B′ に作用する全圧力と等しいので

$$F_x = \rho_w g h_G A = \rho_w g \frac{R}{2} R \times 1 = \frac{1}{2}\rho_w g R^2$$

その作用点の深さは

$$h_C = \frac{I_G}{h_G A} + h_G = \frac{R^3/12}{R/2 \times R} + \frac{R}{2} = \frac{2}{3}R$$

全圧力の鉛直成分は，面 AB 上の水の重量に等しいので

$$F_z = \rho_w \frac{\pi}{4} R^2 \times 1 \times g = \frac{\pi}{4}\rho_w g R^2$$

その作用線は面 AB 上の水の部分の重心を通るので $x_C = 4R/3\pi$

したがって，全圧力の点 O まわりのモーメントは

$$F_x h_C - F_z x_C = \frac{1}{2}\rho_w g R^2 \cdot \frac{2}{3}R - \frac{\pi}{4}\rho_w g R^2 \cdot \frac{4R}{3\pi} = 0$$

なお面 AB の微小面積に作用する力は，面に垂直に作用するのでどの位置においても点 O を通る．したがって全圧力のモーメントは，上記のように計算するまでもなく 0 である．また F_x と F_z の合力の作用線は点 O を通る．

2.7 (1) 上面に作用する力は $F_1 = \rho g h_0 (\pi/4) d^2$

下面に作用する力は $F_2 = \rho g (h_0 + h)(\pi/4) d^2$

合力は，鉛直上向きを正として $F_2 - F_1 = \rho g h (\pi/4) d^2$

(2) アルキメデスの原理から，浮力は $F = \rho g V = \rho g (\pi/4) d^2 h$

ゆえに (1) の結果と一致する．

2.8 比重計を比重が未知の液体に入れたときの排除体積を V，水に入れたときのそれを $V + \Delta V$ とすると，浮力と重力の釣り合いから

$$\rho g V = \rho_w g (V + \Delta V) = mg$$

また $\Delta V = (\pi/4)d^2 H = (\pi/4) \times 0.004^2 \times 0.035 = 0.439 \times 10^{-6}\,\mathrm{m}^3$

$$\therefore\quad V = \frac{m}{\rho_w} - \Delta V = \frac{3 \times 10^{-3}}{10^3} - 0.439 \times 10^{-6} = 2.56 \times 10^{-6}\,\mathrm{m}^3$$

$$s = \frac{\rho}{\rho_w} = \frac{m}{V\rho_w} = \frac{3 \times 10^{-3}}{2.56 \times 10^{-6} \times 10^3} = 1.17$$

[第4章]

4.1 物体は静止し，まわりの水が物体に向かって流速 $2.35\,\mathrm{m/s}$ で流れていると考える．物体の正面中央を通る流線上の2点間にベルヌーイの定理を適用（添字1, 2はそれぞれ物体の上流，正面中央を表す）すると

$$\frac{V_1^2}{2g} + \frac{p_1}{\rho g} = \frac{V_2^2}{2g} + \frac{p_2}{\rho g}$$

$V_2 = 0$ より

$$p_2 = \frac{1}{2}\rho V_1^2 + p_1 = \frac{1}{2}\rho V_1^2 + \rho g h = \frac{1}{2} \times 10^3 \times 2.35^2 + 10^3 \times 9.81 \times 1.2$$
$$= 14.5 \times 10^3\,\mathrm{Pa} = 14.5\,\mathrm{kPa}\;(\text{ゲージ圧})$$

4.2 細管の中心を通る流線上の2点間に成り立つベルヌーイの定理 $(z_1 = z_2)$ から

$$\frac{V_1^2}{2g} + \frac{p_1}{\rho g} = \frac{V_2^2}{2g} + \frac{p_2}{\rho g}$$

$V_2 = 0$ より

$$V_1 = \sqrt{2(p_2 - p_1)/\rho}\cdots ①$$

ダクト壁にあけた孔から取り出される圧力は p_1 に等しく，またマノメータにおいて点Aと点Bの圧力は等しいので

$$p_1 + \rho' g H = p_2 + \rho g H$$
$$\therefore\quad p_2 - p_1 = gH(\rho' - \rho)\cdots ②$$

式①に代入して

$$V_1 = \sqrt{2gH\frac{\rho' - \rho}{\rho}} = \sqrt{2gH\left(\frac{\rho'}{\rho} - 1\right)}$$
$$= \sqrt{2 \times 9.81 \times 0.012 \times \left(\frac{795}{1.25} - 1\right)} = 12.2\,\mathrm{m/s}$$

(空気の密度はアルコールの密度に比べ十分小さいので，式②において右辺の括弧内第2項は無視しても構わない.)

4.3 ノズル入口と出口にベルヌーイの定理を適用すると

$$\frac{V_1^2}{2g} + \frac{p_1}{\rho g} = \frac{V_2^2}{2g} + \frac{p_2}{\rho g}$$

$V_1 = 0, p_2 = 0$ より $V_2 = \sqrt{\dfrac{2p_1}{\rho}} = \sqrt{\dfrac{2 \times 875 \times 10^3}{10^3}} = 41.8\,\mathrm{m/s}$

4.4 A, B 間にベルヌーイの定理を適用 ($z_A = z_B$) して

$$\frac{V_A^2}{2g} + \frac{p_A}{\rho g} = \frac{V_B^2}{2g} + \frac{p_B}{\rho g} \cdots ①$$

連続の式から

$$\frac{\pi}{4} d_A^2 V_A = \frac{\pi}{4} d_B^2 V_B \cdots ②$$

式①, ②から V_A を消去すると

$$V_B = \frac{1}{\sqrt{1 - (d_B/d_A)^4}} \sqrt{\frac{2(p_A - p_B)}{\rho}} \cdots ③$$

ρ：水の密度，ρ'：水銀の密度とすると，マノメータにおいて $p_C = p_D$ から

$$p_A + \rho g H = p_B + \rho' g H$$

$\therefore \dfrac{p_A - p_B}{\rho} = gH\left(\dfrac{\rho'}{\rho} - 1\right) = 9.81 \times 0.0205 \times \left(\dfrac{13.6 \times 10^3}{10^3} - 1\right) = 2.53$

$d_A = 0.15, d_B = 0.075$ とともに式③に代入すると

$$V_B = \frac{1}{\sqrt{1 - (0.075/0.15)^4}} \times \sqrt{2 \times 2.53} = 2.32 \cdots ④$$

したがって，流量は $Q = \dfrac{\pi}{4} d_B^2 V_B = \dfrac{\pi}{4} \times 0.075^2 \times 2.32 = 0.0102\,\mathrm{m^3/s}$

4.5 A, B 間にベルヌーイの定理（高さの基準を A にとる）を適用して

$$\frac{V_A^2}{2g} + \frac{p_A}{\rho g} = \frac{V_B^2}{2g} + \frac{p_B}{\rho g} + z_2 \cdots ①$$

連続の式から

$$\frac{\pi}{4} d_A^2 V_A = \frac{\pi}{4} d_B^2 V_B \cdots ②$$

式①，②から V_A を消去すると

$$V_B = \frac{1}{\sqrt{1-(d_B/d_A)^4}} \sqrt{2\left(\frac{p_A - p_B}{\rho} - gz_2\right)} \cdots ③$$

ρ：水の密度，ρ'：水銀の密度とすると，マノメータにおいて $p_C = p_D$ から

$$p_A + \rho g(H + z_1) = p_B + \rho g(z_1 + z_2) + \rho' gH$$

$$\therefore \quad \frac{p_A - p_B}{\rho} - gz_2 = gH \times \left(\frac{\rho'}{\rho} - 1\right)$$

$$= 9.81 \times 0.0205 \times \left(\frac{13.6 \times 10^3}{10^3} - 1\right) = 2.53$$

これを式③に代入すると問題 4.4 の式④と同一になるので，$V_B = 2.32\,\mathrm{m/s}$. したがって $Q = 0.0102\,\mathrm{m^3/s}$

4.6 A，B 間にエネルギー式 $(z_A = z_B)$ を立てると

$$\frac{V_A^2}{2g} + \frac{p_A}{\rho g} = \frac{V_B^2}{2g} + \frac{p_B}{\rho g} + \Delta h$$

$V_A = V_B$ より

$$\Delta h = (p_A - p_B)/\rho g$$

ρ：水の密度，ρ'：比重 1.60 の液体の密度とすると，マノメータにおいて $p_C = p_D$ から

$$p_A - \rho g(z - H) = p_B - \rho gz + \rho' gH$$

$$\therefore \quad \Delta h = \frac{p_A - p_B}{\rho g} = H\left(\frac{\rho'}{\rho} - 1\right) = 0.75 \times (1.6 - 1) = 0.45\,\mathrm{m}$$

4.7 タンク A，B の各液面間のエネルギーの関係は式 (4.19) から

$$\frac{V_A^2}{2g} + \frac{p_A}{\rho g} + z_A + H_p = \frac{V_B^2}{2g} + \frac{p_B}{\rho g} + z_B + \Delta h$$

$V_A = V_B = 0$, $p_A = p_B = p_a$（大気圧）であるから

$$H_p = z_B - z_A + \Delta h = 20 + (1.2 + 5.5) = 26.7\,\mathrm{m}$$

〔第 5 章〕

5.1 流れの対称性から噴流流入方向と直角方向には力は働かない．

$$-F = \rho QV\cos\theta - \rho QV = \rho AV^2(\cos\theta - 1) = \rho\frac{\pi}{4}d^2V^2(\cos\theta - 1)$$
$$= 10^3 \times \frac{\pi}{4} \times 0.055^2 \times 4.55^2 \times (\cos\frac{30°}{2} - 1) = -1.68\,\text{N}$$
$$\therefore \quad F = 1.68\,\text{N}$$

5.2 ベルヌーイの定理から噴流の速度は

$$V = \sqrt{\frac{2p_1}{\rho}} = \sqrt{\frac{2 \times 0.575 \times 10^6}{10^3}} = 33.9\,\text{m/s}$$

バケットに作用する力を F とすると

$$-F = -\rho QV\cos\theta - \rho QV = -\rho AV^2(\cos\theta + 1)$$
$$= -10^3 \times \frac{\pi}{4} \times 0.02^2 \times 33.9^2 \times (\cos 30° + 1) = -674\,\text{N}$$
$$\therefore \quad F = 674\,\text{N}$$

5.3 バケットの速度を u とすると,問題 5.2 の V の代わりに $V-u$ とおいて

$$F = \rho A(V-u)^2(\cos\theta + 1)$$
$$= 10^3 \times \frac{\pi}{4} \times 0.02^2 \times (33.9 - 8.25)^2 \times (\cos 30° + 1) = 386\,\text{N}$$

5.4 ノズルからの水の噴出速度は,ノズルが 2 個あることに注意して

$$w_2 = \frac{0.113}{10^3 \times 2 \times (\pi/4) \times 0.0055^2} = 2.38\,\text{m/s}$$

一定速度で回転中は流体にトルクが作用せず,また破線で示される検査面に流入する角運動量は 0 である.したがって検査面から流出する角運動量も 0 である.このためにはノズルから流出する流体の絶対流速の接線成分は 0 でなければならないので

$$u_2 = r\omega = w_2\sin\theta$$
$$\therefore \quad f = \frac{\omega}{2\pi} = \frac{w_2}{2\pi r}\sin\theta = \frac{2.38}{2\pi \times 0.15}\sin 30° = 1.26\,\text{s}^{-1} = 75.8\,\text{rpm}$$

[第 6 章]

6.1 ブラジウスの式が成立するので $\lambda = 0.3164 Re^{-0.25}$

$$\therefore \quad \Delta h = \lambda\frac{l}{d}\frac{V^2}{2g} \propto Re^{-0.25}V^2 \propto V^{-0.25}V^2 = V^{1.75}$$

6.2 断面平均流速は $V = \dfrac{Q}{(\pi/4)d^2} = \dfrac{25.8 \times 10^{-3}}{60 \times (\pi/4) \times 0.02^2} = 1.37\,\mathrm{m/s}$ であり，レイノルズ数は

$$Re = \frac{Vd}{\nu} = \frac{1.37 \times 0.02}{30 \times 10^{-3}/850} = 776 < 2300$$

したがって流れは層流であるから $u_{\max} = 2V = 2.74\,\mathrm{m/s}$

6.3 式 (6.26) から $\tau_0 = \dfrac{\Delta p}{l}\dfrac{R}{2} = \dfrac{1.2 \times 10^3 \times 0.125}{10 \times 2} = 7.50\,\mathrm{Pa}$ であり，平均流速は $V = \dfrac{Q}{(\pi/4)d^2} = \dfrac{0.101}{(\pi/4) \times 0.25^2} = 2.06\,\mathrm{m/s}$ である．したがって式(6.28)から

$$\lambda = \frac{8\tau_0}{\rho V^2} = \frac{8 \times 7.5}{10^3 \times 2.06^2} = 0.0141$$

（別解）式 (6.25) から

$$\lambda = \frac{2d\Delta p}{\rho l V^2} = \frac{2 \times 0.25 \times 1.2 \times 10^3}{10^3 \times 10 \times 2.06^2} = 0.0141$$

6.4 表 1.1 より $\nu = 1.307 \times 10^{-6}\,\mathrm{m^2/s}$ であるから

$$Re = \frac{Vd}{\nu} = \frac{0.85 \times 0.1}{1.307 \times 10^{-6}} = 6.50 \times 10^4$$

滑らかな管の場合，ブラジウスの式から $\lambda = 0.3164 Re^{-0.25} = 0.0198$

$$\therefore\quad \Delta h = \lambda \frac{l}{d}\frac{V^2}{2g} = \frac{0.0198 \times 10 \times 0.85^2}{0.1 \times 2 \times 9.81} = 0.0729\,\mathrm{m}$$

粗面管の場合，ムーディ線図 ($k/d = 0.002$) から $\lambda = 0.026$

$$\therefore\quad \Delta h = \frac{0.026 \times 10 \times 0.85^2}{0.1 \times 2 \times 9.81} = 0.0957\,\mathrm{m}$$

6.5 直径が $50\,\mathrm{mm}$, $62.5\,\mathrm{mm}$, $75\,\mathrm{mm}$ の管における平均流速をそれぞれ V_1, V_2, V_3 とすると，$V_1 = 3.20\,\mathrm{m/s}$, $V_2 = (d_1/d_2)^2 V_1 = (50/62.5)^2 \times 3.2 = 2.05\,\mathrm{m/s}$, $V_3 = (d_1/d_3)^2 V_1 = (50/75)^2 \times 3.2 = 1.42\,\mathrm{m/s}$

(1) $\Delta h = \xi\dfrac{(V_1 - V_3)^2}{2g} = \dfrac{0.135 \times (3.2 - 1.42)^2}{2 \times 9.81} = 0.0218\,\mathrm{m}$

(2) $\Delta h = \dfrac{(V_1 - V_2)^2}{2g} + \dfrac{(V_2 - V_3)^2}{2g} = \dfrac{(3.2 - 2.05)^2 + (2.05 - 1.42)^2}{2 \times 9.81} = 0.0876\,\mathrm{m}$

(3) $\Delta h = \dfrac{(V_1 - V_3)^2}{2g} = \dfrac{(3.2 - 1.42)^2}{2 \times 9.81} = 0.161\,\mathrm{m}$

6.6 両貯水池の水面におけるエネルギーの関係から，水位差 H は管路の総損失に等しいので

$$H = \lambda \frac{l}{d}\frac{V^2}{2g} + (\varsigma_1 + \varsigma_2 + \varsigma_3 + \varsigma_4)\frac{V^2}{2g} = \left(\lambda \frac{l}{d} + \varsigma_1 + \varsigma_2 + \varsigma_3 + \varsigma_4\right)\frac{V^2}{2g}$$

$$\therefore \; V = \sqrt{\frac{2gH}{\lambda(l/d) + \varsigma_1 + \varsigma_2 + \varsigma_3 + \varsigma_4}}$$

$$= \sqrt{\frac{2 \times 9.81 \times 4.5}{0.018 \times (7.5/0.04) + 0.85 + 0.18 + 1.25 + 1}} = 3.64\,\mathrm{m/s}$$

$$Q = \frac{\pi}{4}d^2 V = \frac{\pi}{4} \times 0.04^2 \times 3.64 = 4.57 \times 10^{-3}\,\mathrm{m^3/s}$$

〔第 7 章〕

7.1 $Re_l = \dfrac{Ul}{\nu} = \dfrac{1.2 \times 2.5}{1.30 \times 10^{-6}} = 2.31 \times 10^6$

$$C_f = 0.074 Re_l^{-1/5} = 0.074 \times (2.31 \times 10^6)^{-1/5} = 0.00395$$

$$D_f = C_f \frac{1}{2}\rho U^2 S \times 2 = 0.00395 \times 10^3 \times 1.2^2 \times 2.5 \times 1.2 = 17.1\,\mathrm{N}$$

7.2 $D = C_D \dfrac{1}{2}\rho U^2 S$ より

$$U = \sqrt{\frac{2D}{C_D \rho S}} = \sqrt{\frac{2 \times 17.1}{1.15 \times 1.2 \times 2.5 \times 1.2}} = 2.87\,\mathrm{m/s}$$

7.3 $D = C_D \dfrac{1}{2}\rho U^2 S = \dfrac{0.85 \times 1.2 \times 35^2 \times 1.5 \times 20}{2} = 18.7 \times 10^3\,\mathrm{N} = 18.7\,\mathrm{kN}$

7.4 (1) $D = C_D \dfrac{1}{2}\rho U^2 S = \dfrac{0.78 \times 10^3 \times 0.12^2 \times 0.1 \times 0.8}{2} = 0.449\,\mathrm{N}$

(2) $f = \dfrac{StU}{d} = \dfrac{0.2 \times 0.12}{0.1} = 0.24\,\mathrm{Hz}$

7.5 $U = 95 \times 10^3/3600 = 26.4\,\mathrm{m/s}$, 表 1.2 より $\rho = 1.204\,\mathrm{kg/m^3}$

(1) $D = C_D \dfrac{1}{2}\rho U^2 S = \dfrac{0.31 \times 1.204 \times 26.4^2 \times 2.3}{2} = 299\,\mathrm{N}$

(2) $P = UD = 26.4 \times 299 = 7.89 \times 10^3\,\mathrm{W} = 7.89\,\mathrm{kW}$

7.6 $U = 750 \times 10^3/3600 = 208\,\mathrm{m/s}$

$$D = C_D \frac{1}{2}\rho U^2 S = \frac{0.015 \times 0.41 \times 208^2 \times 350}{2} = 46.6 \times 10^3\,\mathrm{N} = 46.6\,\mathrm{kN}$$

7.7 揚力 L は機体重量 mg と釣り合うので

$$L = mg = C_L \frac{1}{2}\rho U^2 S \quad \therefore \quad C_L = \frac{2mg}{\rho U^2 S} = \frac{2 \times 250 \times 10^3 \times 9.81}{0.41 \times 208^2 \times 350} = 0.790$$

7.8 ストークスの式が成り立つ場合

$$D = C_D \frac{1}{2}\rho U^2 \frac{\pi}{4}d^2 \propto \frac{24}{Re}U^2 = \frac{24}{Ud/\nu}U^2 \propto U$$

抗力係数 C_D が一定の場合

$$D = C_D \frac{1}{2}\rho U^2 \frac{\pi}{4}d^2 \propto U^2$$

7.9 例題 7.3 において $\rho = 999.7\,\text{kg/m}^3$（表 1.1），$\rho' = 1.247\,\text{kg/m}^3$，$\mu = 17.74 \times 10^{-6}\,\text{Pa} \cdot \text{s}$（表 1.2）より

$$\therefore \quad V = \frac{d^2 g(\rho - \rho')}{18\mu} = \frac{0.0001^2 \times 9.81 \times (999.7 - 1.247)}{18 \times 17.74 \times 10^{-6}} = 0.307\,\text{m/s}$$

〔第 8 章〕

8.1 質量と体積の関係から $m = \rho V$

$$\therefore \quad Q = \frac{V}{T} = \frac{m}{\rho T} = \frac{25}{10^3 \times 17} = 1.47 \times 10^{-3}\,\text{m}^3/\text{s}$$

8.2 式 (2.22) から $p_1 - p_2 = (\rho' - \rho)gH$，また $\rho = 1.204\,\text{kg/m}^3$（表 1.2），$\rho' = 0.7893 \times 10^3\,\text{kg/m}^3$（表 1.3），$H = 0.132\,\text{m}$ である．したがって式 (8.8) から

$$Q = \alpha \frac{\pi}{4} d^2 \sqrt{\frac{2(p_1 - p_2)}{\rho}} = \alpha \frac{\pi}{4} d^2 \sqrt{2\left(\frac{\rho'}{\rho} - 1\right)gH} \approx \alpha \frac{\pi}{4} d^2 \sqrt{2\frac{\rho'}{\rho}gH}$$

$$= 0.630 \times \frac{\pi}{4} \times 0.025^2 \times \sqrt{2 \times \frac{0.7893 \times 10^3}{1.204} \times 9.81 \times 0.132}$$

$$= 12.7 \times 10^{-3}\,\text{m}^3/\text{s}$$

8.3 式 (2.22) から $p_1 - p_2 = (\rho' - \rho)gH$，また $\rho = 10^3\,\text{kg/m}^3$，$\rho' = 13.6 \times 10^3\,\text{kg/m}^3$，$H = 0.153\,\text{m}$ である．したがって式 (8.9) から

$$Q = \alpha \frac{\pi}{4} d^2 \sqrt{\frac{2(p_1 - p_2)}{\rho}} = \alpha \frac{\pi}{4} d^2 \sqrt{2\left(\frac{\rho'}{\rho} - 1\right)gH}$$

$$= 1.03 \times \frac{\pi}{4} \times 0.08^2 \times \sqrt{2 \times \left(\frac{13.6 \times 10^3}{10^3} - 1\right) \times 9.81 \times 0.153}$$

$$= 31.8 \times 10^{-3}\,\text{m}^3/\text{s}$$

ベンチュリ管を鉛直方向に取り付けても,マノメータの液柱差は変わらず153mmである(問題 4.4, 4.5 を参照).

8.4 式 (8.12) から $V = \sqrt{2gh} = \sqrt{2 \times 9.81 \times (1.385 - 1.240)} = 1.69 \, \text{m/s}$

8.5 レーザ光線の交差角度は $\tan(\theta/2) = D/2F$ より,$\theta/2 = 14.0°$ である.したがって,式 (8.25) より

$$f_D = (V_n/\lambda) \times 2\sin(\theta/2) = 7.64 \times 10^6 \, \text{Hz} = 7.64 \, \text{MHz}$$

レーザ光線の速度は $a = 3.0 \times 10^8$ m/s であるから,その周波数 $f = a/\lambda = 4.74 \times 10^{14}$ Hz ときわめて大きく,その測定は困難である.しかし,2つの散乱光線の干渉によって生じるドップラー周波数は上記のようにこれよりはるかに小さく,計測可能である.

8.6 式 (8.33) において,$\alpha = \beta = 0°$ とすると $f_2/f_0 = 1 + 2V/a$ であるから

$$V = \frac{a}{2}\left(\frac{f_2}{f_0} - 1\right) = \frac{340}{2} \times \left(\frac{37}{30} - 1\right) = 39.7 \, \text{m/s} = 143 \, \text{km/h}$$

〔第 9 章〕

9.1 $[Re] = \left[\dfrac{UL}{\nu}\right] = \left[\dfrac{LT^{-1} \cdot L}{L^2 T^{-1}}\right] = [1]$

9.2 $[\tau_0] = \left[\dfrac{M \cdot LT^{-2}}{L^2}\right] = [ML^{-1}T^{-2}]$

$\left[\dfrac{\lambda}{8}\mu V^2\right] = [ML^{-1}T^{-1}L^2T^{-2}] = [MLT^{-3}]$

右辺と左辺の次元が異なるので式は誤りである.

9.3 現象に関与する物理量は,f:渦の周波数,d:円柱直径,U:一様流速,ρ:流体密度,μ:流体粘度.それぞれの次元式は

$$[f] = [T^{-1}], [d] = [L], [U] = [LT^{-1}], [\rho] = [ML^{-3}], [\mu] = [L^{-1}MT^{-1}]$$

$$\therefore \quad n - k = 5 - 3 = 2$$

したがってこの現象は 2 つの無次元数 π_1, π_2 により表され $\pi_1 = \varphi(\pi_2)$.
$\pi_1 = f d^\alpha U^\beta \rho^\gamma$ とおくと

$$L : 0 = 0 + \alpha + \beta - 3\gamma, \quad M : 0 = 0 + 0 + 0 + \gamma, \quad T : 0 = -1 + 0 - \beta + 0$$

$$\therefore \quad \alpha = 1, \; \beta = -1, \; \gamma = 0 \; \text{より} \quad \pi_1 = fdU^{-1} = fd/U = St$$

$\pi_2 = \mu d^\alpha U^\beta \rho^\gamma$ とおくと

$$L : 0 = -1 + \alpha + \beta - 3\gamma, \quad M : 0 = 1 + 0 + 0 + \gamma, \quad T : 0 = -1 + 0 - \beta + 0$$

$$\therefore \quad \alpha = \beta = \gamma = -1 \;\; \text{より} \quad \pi_2 = \mu d^{-1} U^{-1} \rho^{-1} = (\mu/\rho)/dU = 1/Re$$

以上より，ストローハル数はレイノルズ数の関数であることが示された．

9.4 (1) 例題 9.1 よりレイノルズ数を一致させればよいので $U_m L_m / \nu_m = U_p L_p / \nu_p$. $\nu_m = 1.004 \times 10^{-6}\,\mathrm{m^2/s}$ (表 1.1), $\nu_p = 1.423 \times 10^{-5}\,\mathrm{m^2/s}$ (表 1.2), $L_m/L_p = 1/10$, $U_p = 80 \times 10^3/3600 = 22.2\,\mathrm{m/s}$ を代入して

$$U_m = U_p \frac{L_p}{L_m} \frac{\nu_m}{\nu_p} = \frac{22.2 \times 10 \times 1.004 \times 10^{-6}}{1.423 \times 10^{-5}} = 15.7\,\mathrm{m/s}$$

(2) 抗力係数が模型と実物で一致するので，前面投影面積を S とすると

$$C_D = \frac{D_m}{(1/2)\rho_m U_m^2 S_m} = \frac{D_p}{(1/2)\rho_p U_p^2 S_p}$$

$\rho_m = 998.2\,\mathrm{kg/m^3}$ (表 1.1), $\rho_p = 1.247\,\mathrm{kg/m^3}$ (表 1.2) より

$$D_p = D_m \frac{\rho_p}{\rho_m} \left(\frac{U_p}{U_m}\right)^2 \frac{S_p}{S_m} = D_m \frac{\rho_p}{\rho_m} \left(\frac{U_p}{U_m}\right)^2 \left(\frac{L_p}{L_m}\right)^2$$

$$= 530 \times \frac{1.247}{998.2} \times \left(\frac{22.2}{15.7}\right)^2 \times 10^2 = 132\,\mathrm{N}$$

〔第 11 章〕

11.1 吸込管の流速 V_1 と吐出し管の流速 V_2 は

$$V_1 = \frac{Q}{(\pi/4)\,d_1^2} = \frac{0.021}{(\pi/4) \times 0.125^2} = 1.71\,\mathrm{m/s}$$

$$V_2 = \left(\frac{d_1}{d_2}\right)^2 V_1 = \left(\frac{125}{100}\right)^2 \times 1.71 = 2.67\,\mathrm{m/s}$$

したがって，管路の総損失は

$$\Delta H = \left(\lambda \frac{l_1}{d_1} + \varsigma_1\right) \frac{V_1^2}{2g} + \left(\lambda \frac{l_2}{d_2} + \varsigma_2 + \varsigma_3 + \varsigma_4\right) \frac{V_2^2}{2g}$$

$$= \left(\frac{0.015 \times 3.5}{0.125} + 0.5\right) \times \frac{1.71^2}{2 \times 9.81}$$

$$\qquad + \left(\frac{0.015 \times 12.5}{0.1} + 1.5 + 0.35 + 1\right) \times \frac{2.67^2}{2 \times 9.81}$$

$$= 1.85\,\mathrm{m}$$

以上より，全揚程は $H = 53 + 1.85 = 54.9\,\mathrm{m}$

11.2 軸動力は

$$L_0 = T\omega = T \times 2\pi \frac{n}{60} = \frac{32.2 \times 2\pi \times 1450}{60} = 4.89 \times 10^3\,\mathrm{W}$$

したがって全効率は，式 (11.26) から

$$\eta = \frac{\rho g Q H}{L_0} = \frac{10^3 \times 9.81 \times (1.13/60) \times 20.4}{4.89 \times 10^3} = 0.771$$

11.3 式 (11.1) において，ポンプの回転速度を変えても ϕ，ψ，μ および D は変わらない．したがって第 1 式から Q は n に比例するので

$$Q_2 = \frac{n_2}{n_1} Q_1 = \frac{1750 \times 1.13}{1450} = 1.36\,\mathrm{m^3/min}$$

同様に第 2 式から H は n^2 に比例するので

$$H_2 = \left(\frac{n_2}{n_1}\right)^2 H_1 = \left(\frac{1750}{1450}\right)^2 \times 20.4 = 29.7\,\mathrm{m}$$

第 3 式から L は n^3 に比例するので

$$L_2 = \left(\frac{n_2}{n_1}\right)^3 L_1 = \left(\frac{1750}{1450}\right)^3 \times 4.89 \times 10^3 = 8.60 \times 10^3\,\mathrm{W} = 8.60\,\mathrm{kW}$$

11.4 式 (11.8) より

$$n_s = \frac{n\sqrt{Q}}{H^{3/4}} = \frac{350 \times \sqrt{200}}{6.3^{3/4}} = 1245\,[\mathrm{m},\,\mathrm{m^3/min},\,\mathrm{rpm}]$$

参 考 文 献

本書を執筆するに当たり下記の図書を参考にさせて頂きました．著者の方々に対し，厚くお礼申し上げます．

(1)　石綿良三：流体力学入門，森北出版（2000）
(2)　江守一郎・D.J. シューリング：模型実験の理論と応用，技報堂（1977）
(3)　岡本史紀：流体力学，森北出版（1995）
(4)　大橋秀雄：流体力学（1），コロナ社（1985）
(5)　白倉昌明・大橋秀雄，流体力学（2），コロナ社（1985）
(6)　加藤宏編：ポイントを学ぶ流れの力学，丸善（1991）
(7)　坂田光雄・坂本雅彦：流体の力学，コロナ社（2005）
(8)　須藤浩三・長谷川富市・白樫正高：流体の力学，コロナ社（1994）
(9)　田古里哲夫・荒川忠一：流体工学，東京大学出版会（1989）
(10)　原田幸夫：流体の力学，槇書店（1965）
(11)　水木新平・辻田星歩：よくわかる水力学，オーム社（2005）
(12)　中村育雄・大坂英雄：機械流体工学，共立出版（2003）
(13)　古屋善正・村上光清・山田豊：流体工学，朝倉書店（1967）
(14)　吉野章男・菊山功嗣・宮田勝文・山下新太郎：詳細流体工学演習，共立出版（1992）
(15)　日本機械学会編：写真集　流れ，丸善（1984）
(16)　日本機械学会編：機械工学便覧　A5 流体工学，日本機械学会（1986）
(17)　日本機械学会編：機械工学便覧　B5 流体機械，日本機械学会（1986）
(18)　日本機械学会編：機械工学 SI マニュアル，丸善（1989）
(19)　日本機械学会編：技術資料　管路・ダクトの流体抵抗，日本機械学会（2001）
(20)　日本機械学会：流体力学，日本機械学会（2005）
(21)　R. L. Daugherty, J. B. Franzini and E. J. Finnemore: Fluid Mechanics with Engineering Applications (8th Edition), McGraw-Hill (1985)
(22)　H. Schlichting: Boundary-Layer Theory (6th Edition), McGraw-Hill (1968)

索　引

ア
- アクチュエータ・ディスク理論 ………… 171
- 圧縮機 …………………………………… 171
- 圧縮性 …………………………………… 6, 9
- 圧縮率 …………………………………… 6
- 圧　力 …………………………………… 15
- 圧力エネルギー ………………………… 47
- 圧力係数 ………………………… 109, 158
- 圧力項 …………………………………… 151
- 圧力抗力 ………………………………… 103
- 圧力抗力係数 …………………………… 104
- 圧力センサ ……………………………… 119
- 圧力損失 …………………………… 72, 78
- 圧力抵抗係数 …………………………… 104
- 圧力の中心 ……………………………… 25
- 圧力ヘッド ……………………………… 47
- アボガドロの法則 ……………………… 7
- アルキメデスの原理 …………………… 30

イ
- 位置エネルギー ………………………… 47
- 一次元流れ ……………………………… 45
- 位置ヘッド ……………………………… 47
- 一様流 …………………………………… 39

ウ
- ウエーバ数 ……………………………… 145
- 渦発生器 ………………………………… 101
- 運動エネルギー ………………………… 47
- 運動学的相似 …………………………… 144
- 運動量厚さ ……………………………… 99
- 運動量の法則 …………………………… 57

エ
- 液柱計 ……………………………… 20, 118
- エネルギーの関係 ……………………… 50
- エネルギー保存の法則 ………………… 47
- エルボ …………………………………… 89
- 遠心形 …………………………………… 161

オ
- オイラー数 ……………………………… 144
- オイラーの運動方程式 ……… 151, 153
- オイラーの方法 ………………………… 147
- オイラーヘッド ………………………… 163
- オリフィス ………………………… 91, 120
- 音　速 …………………………………… 8

カ
- 壊　食 …………………………………… 170
- 角運動量 ………………………………… 162
- 角運動量の法則 ………………………… 66
- ガス定数 ………………………………… 7
- カルマン渦 ………………………… 107, 109
- カルマン・ニクラゼの式 ……………… 82
- 慣性項 …………………………………… 151
- 慣性力 …………………………………… 5
- 完全ガス ………………………………… 7
- 管内流 …………………………………… 76
- 管壁の粗さ ……………………………… 80
- 管摩擦係数 ……………………………… 81

キ
- 機械損失 ………………………………… 167
- 幾何学的相似 …………………………… 143
- 擬塑性流体 ……………………………… 6
- 喫　水 …………………………………… 30

索引

基本単位 …………………………137
逆U字管マノメータ ……………23
キャビテーション …………13, 169
急拡大管 ……………………………64
急縮小管 ……………………………86
境界層 …………………………88, 98
境界層の厚さ ……………………98
強制渦 ………………………………32
局所加速度 ………………………149

ク　クエット流 ………………………3
　　組立単位 ………………………137

ケ　形状係数 …………………………99
　　ゲージ圧 …………………………18
　　原動機 ……………………………157

コ　後縁 ………………………………110
　　工学単位 ………………………137
　　抗揚比 …………………………111
　　抗力 ……………………………102
　　抗力係数 …………104, 111, 143
　　混合距離 …………………………75
　　混合距離理論 ……………………75
　　混相流 ……………………………40

サ　再付着 ……………………………107
　　三相流 ……………………………40

シ　ジェットエンジン ………………65
　　時間平均速度 ……………75, 130
　　軸動力 ……………………94, 167
　　軸動力係数 ……………………158
　　軸流形 ……………………………161
　　次元 ……………………………138
　　次元解析 ………………………140
　　示差圧力計 ………………………22
　　失速 ……………………………111
　　実物 ……………………………143

実揚程 ………………………………94
質量保存の法則 …………………46
質量流量 ……………………………46
斜流形 ……………………………161
収縮係数 ……………………87, 121
周速度成分 ………………………161
縮流 …………………………………86
主流 …………………………………98
助走区間 ……………………………88

ス　水車 ……………………………170
　　吸出し管 ………………………170
　　水動力 ……………………………94
　　推力 ………………………65, 66
　　水力損失 ………………………167
　　ストークの式 …………………113
　　ストローハル数 …………109, 145
　　スリットからの吸込み …………101
　　スリットからの吹出し …………102

セ　静圧 ………………………50, 117
　　静力学 ……………………………15
　　絶対圧 ……………………………18
　　絶対速度成分 …………………161
　　全圧 ………………………50, 117
　　全圧力 ……………………………25
　　遷移領域 …………………………79
　　前縁 ……………………………110
　　全効率 …………………………167
　　せん断応力 ………………………74
　　せん断力 …………………………74
　　全ヘッド …………………………47
　　全揚程 ……………………94, 167, 169

ソ　総損失 ……………………………93
　　相対粗さ …………………………83
　　相対速度成分 …………………161

索　引

	相対的静止 …………………………31		電磁流量計 ……………………125
	層　流 …………………40, 71, 76	ト	動　圧 …………………………50
	層流境界層 ……………………98		等温変化 ………………………8
	層流はく離 …………107, 113		動粘度 …………………………4
	速度係数 ………………………120		トリチェリの定理 …………48, 61
	速度こう配 …………………4, 74		トリップワイヤ ………………101
	速度三角形 ……………………162		鈍頭物体 ………………………103
	速度分布 ……………77, 80, 100	ナ	1/7 乗法則 ……………………79
	速度ヘッド ……………………47		ナビエ・ストークスの方程式 …152
	塑性流体 ………………………6	ニ	ニクラゼの式 …………………82
	反　り …………………………110		二次流れ ………………………90
	反り線 …………………………110		二相流 …………………………40
	損失係数 ………………………85		ニュートン流体 ………………6
	損失ヘッド …………51, 65, 81	ヌ	ヌッセルト数 …………………128
タ	対数法則 ………………………79	ネ	熱線流速計 ……………………128
	体積弾性係数 …………………6		粘性項 …………………………152
	体積流量 ………………………45		粘性せん断応力 ………………75
	体積力項 ………………………151		粘性底層 …………………78, 100
	代表速度 ………………………73		粘性力 …………………………5
	代表長さ ………………………73		粘　度 …………………………4
	ダイラタント流体 ……………6	ノ	ノズル ……………………91, 121
	対流加速度 ……………………149	ハ	排除厚さ ………………………99
	ターボ形流体機械 ……………157		背　面 …………………………110
	ダルシー・ワイスバッハの式 …81		吐出し量 ………………………167
	単相流 …………………………40		はく離 ………86, 87, 90, 100, 111
	断熱変化 ………………………8		はく離域 ………………………107
	断面二次モーメント …………25		はく離点 …………………103, 107
	断面平均速度 ……………45, 72		ハーゲン・ポアズイユの法則 …78
チ	超音波流速計 …………………133		パスカルの原理 ………………19
ツ	通常液柱計 ……………………20		バッキンガムのπ定理 ………140
テ	抵　抗 …………………………102		発達した流れ ……………76, 88
	抵抗係数 ………………………104		羽根車断面形状 ………………160
	定常流 …………………………39	ヒ	非一様流 ………………………39
	ディフューザ ……………87, 164		ピエゾメータ …………………21

	比エネルギー ……………………… 163		ベンチュリ管 ………………… 91, 125
	比　重 …………………………………2		ベンド ……………………………… 89
	比重計 ……………………………… 37		変動速度 …………………… 75, 130
	ヒステリシス ……………………… 72	ホ	飽和蒸気圧 ………………………… 12
	比速度 …………………………… 159		細まり管 …………………………… 87
	比体積 ………………………………2		ポンプ …………………………… 169
	非定常流 …………………………… 39		ポンプのヘッド ………… 167, 169
	被動機 …………………………… 157	マ	曲がり管 …………………………… 89
	ピトー管 ……………………… 50, 126		マグナス効果 …………………… 108
	ピトー管係数 …………………… 127		摩擦抗力 ………………………… 103
	ピトー静圧管 …………………… 127		摩擦抗力係数 …………………… 104
	非ニュートン流体 …………………6		摩擦速度 …………………………… 78
	比熱比 ………………………………8		摩擦抵抗係数 …………………… 104
	標準気圧 …………………………… 18		マッハ数 …………………… 9, 145
	表面張力 …………………………… 10		マノメータ ……………………… 118
	広がり管 …………………………… 87	ミ	見かけの加速度 ……………… 31, 32
	ビンガム流体 ………………………6		密　度 ………………………………1
フ	ファラデーの電磁誘導の法則 …… 125	ム	迎え角 …………………………… 111
	ファン …………………………… 171		無次元数 ………………………… 144
	風車 ……………………………… 171		ムーディ線図 …………………… 83
	腹面 ……………………………… 110	メ	メタセンタ ………………………… 30
	浮揚軸 ……………………………… 30	モ	毛管現象 …………………………… 11
	浮揚体 ……………………………… 30		模　型 …………………………… 143
	浮揚体の安定 ……………………… 30		モーメント係数 ………………… 111
	ブラジウスの式 …………………… 82		漏れ損失 ………………………… 167
	プラントル ………………… 75, 98	ユ	有効吸込ヘッド ………………… 170
	浮　力 ……………………………… 29	ヨ	容積形流体機械 ………………… 157
	浮力の中心 ………………………… 30		揚程係数 ………………………… 159
	フルード数 ……………………… 145		揚　力 …………………… 102, 104
	ブルドン管圧力計 ……………… 119		揚力係数 ………………… 105, 111
	ブロワ …………………………… 171		翼　厚 …………………………… 110
	噴　流 ……………………………… 61		翼　形 …………………………… 110
ヘ	ベルヌーイの式 …………………… 47		翼　弦 …………………………… 110
	ベルヌーイの定理 ………… 47, 154		翼弦長 …………………………… 110

索　引

	翼　列 …………………………… 168		流　脈 …………………………… 111
ラ	ラグランジュの方法 …………… 147		流脈線 ……………………………… 42
	乱　流 ………………… 40, 71, 78		流　量 ……………………… 45, 77
	乱流境界層 ………………………… 98		流量係数 ………… 121, 123, 125, 158
	乱流はく離 ………………… 107, 113		臨界レイノルズ数 …… 72, 98, 107, 109
リ	力学的相似 ……………………… 144	レ	レイノルズ ……………………… 72
	理想流体 …………………… 5, 109		レイノルズ応力 …………………… 75
	流　管 ……………………………… 42		レイノルズ数 ……… 72, 106, 123, 144
	流跡線 ……………………………… 42		レーザ流速計 …………………… 130
	流　線 ……………………………… 41		連続の式 ………………… 46, 150
	流線形物体 ……………………… 103	ロ	ロケットエンジン ………………… 66
	流体機械 ………………………… 157		
	流体伝動装置 …………………… 157		LDV …………………………… 131
	流体平均深さ ……………………… 85		SI 単位 ………………………… 137
	流体力学的に滑らか ……………… 80		U 字管マノメータ ………………… 21

〈著者紹介〉

菊 山 功 嗣 （きくやま　こうじ）
　　1964 年　名古屋大学工学部機械学科卒業
　　専門分野　流体工学
　　現　在　名古屋大学名誉教授．工学博士

佐 野 勝 志 （さの　まさし）
　　1969 年　名古屋大学大学院工学研究科修士課程修了
　　専門分野　流体工学
　　現　在　静岡理工科大学名誉教授．工学博士

機械システム入門シリーズ⑫

流体システム工学

検印廃止

2007 年 10 月 10 日　初版 1 刷発行 2022 年 9 月 10 日　初版 14 刷発行	著　者	菊山功嗣 佐野勝志	ⓒ 2007
	発行者	南條光章	

発行所　共立出版株式会社

〒112-0006 東京都文京区小日向 4 丁目 6 番 19 号
電　話 03-3947-2511　振替 00110-2-57035
URL www.kyoritsu-pub.co.jp

印刷：加藤文明社／製本：ブロケード
NDC 534 / Printed in Japan

ISBN 978-4-320-08088-1

一般社団法人
自然科学書協会
会員

JCOPY ＜出版者著作権管理機構委託出版物＞
本書の無断複製は著作権法上での例外を除き禁じられています．複製される場合は，そのつど事前に，出版者著作権管理機構（TEL：03-5244-5088，FAX：03-5244-5089，e-mail：info@jcopy.or.jp）の許諾を得てください．

■機械工学関連書

www.kyoritsu-pub.co.jp 共立出版

- 生産技術と知能化 (S知能機械工学 1)..................山本秀彦著
- 現代制御 (S知能機械工学 3)..................山田宏尚他著
- 持続可能システムデザイン学..................小林英樹著
- 入門編 生産システム工学 総合生産学への途 第6版....人見勝人著
- 衝撃工学の基礎と応用..................横山 隆編著
- 機能性材料科学入門..................石井知彦他編
- Mathematicaによるテンソル解析.....野村靖一著
- 工業力学..................上月陽一監修
- 機械系の基礎力学..................山川 宏著
- 機械系の材料力学..................山川 宏他著
- わかりやすい材料力学の基礎 第2版....中田政之他著
- 工学基礎 材料力学 新訂版..................清家政一郎著
- 詳解 材料力学演習 上・下..................斉藤 渥他共著
- 固体力学の基礎 (機械工学テキスト選書1)....田中英一著
- 工学基礎 固体力学..................園田佳巨他著
- 破壊事故 失敗知識の活用..................小林英男編著
- 超音波工学..................荻 博次著
- 超音波による欠陥寸法測定 小林英男他編集委員会代表
- 構造振動学..................千葉正克他著
- 基礎 振動工学 第2版..................横山 隆他著
- 機械系の振動学..................山川 宏著
- わかりやすい振動工学..................砂子田勝昭他著
- 弾性力学..................荻 博次著
- 繊維強化プラスチックの耐久性..................宮野 靖他著
- 複合材料の力学..................岡部朋永他訳
- 工学系のための最適設計法 機械学習を活用した理論と実践..北上卓士著
- 図解 よくわかる機械加工..................武藤一夫著
- 材料加工プロセス ものづくりの基礎....山口克彦他編著
- ナノ加工学の基礎..................井原 透著
- 機械・材料系のためのマイクロ・ナノ加工の原理 近藤英一著
- 機械技術者のための材料加工学入門..................吉田総仁他著
- 基礎 精密測定 第3版..................津村喜代治著
- X線CT 産業・理工学でのトモグラフィー実践活用....戸田裕之著

- 図解 よくわかる機械計測..................武藤一夫著
- 基礎 制御工学 増補版 (情報・電子入門S 2)..小林伸明他著
- 詳解 制御工学演習..................明石 一他共著
- 工科系のためのシステム工学 力学・制御工学..山本郁夫著
- 基礎から実践まで理解できる ロボット・メカトロニクス....山本郁夫他著
- Raspberry Piで ロボットをつくろう! 動いて、感じて、考えるロボットの製作とPythonプログラミング..齊藤哲哉訳
- ロボティクス モデリングと制御 (S知能機械工学 4)..川﨑晴久著
- 熱エネルギーシステム 第2版 (機械システム入門S 10)..加藤征三編著
- 工業熱力学の基礎と要点..................中山 顕著
- 熱流体力学 基礎から数値シミュレーションまで....中山 顕他著
- 伝熱学 基礎と要点..................菊地義弘他著
- 流体工学の基礎..................大坂英雄著
- データ同化流体科学 流動現象のデジタルツイン (クロスセクショナルS 10)..大林 茂他著
- 流体の力学..................太田 有他著
- 流体力学の基礎と流体機械..................福島千晴他著
- 空力音響学 渦音の理論..................淺井雅人他訳
- 例題でわかる基礎・演習流体力学..................前川 博他著
- 対話とシミュレーションムービーでまなぶ流体力学..前川 博著
- 流体機械 基礎理論から応用まで..................山本 誠他著
- 流体システム工学 (機械システム入門S 12)..菊山功嗣他著
- わかりやすい機構学..................伊藤智博他著
- 気体軸受技術 設計・製作と運転のテクニック....十合晋一他著
- アイデア・ドローイング コミュニケーションツールとして 第2版..中村純生著
- JIS機械製図の基礎と演習 第5版..................武田信之改訂
- JIS対応 機械設計ハンドブック..................武田信之著
- 技術者必携 機械設計便覧 改訂版..................狩野三郎著
- 標準 機械設計図表便覧 改新増補5版..小栗富士雄他共著
- 配管設計ガイドブック 第2版..小栗富士雄他共著
- CADの基礎と演習 AutoCAD2011を用いた2次元基本製図..赤木徹也他共著
- はじめての3次元CAD SolidWorksの基礎..木村 昇著
- SolidWorksで始める 3次元CADによる機械設計と製図..宋 相載他著
- 無人航空機入門 ドローンと安全な空社会..滝本 隆著